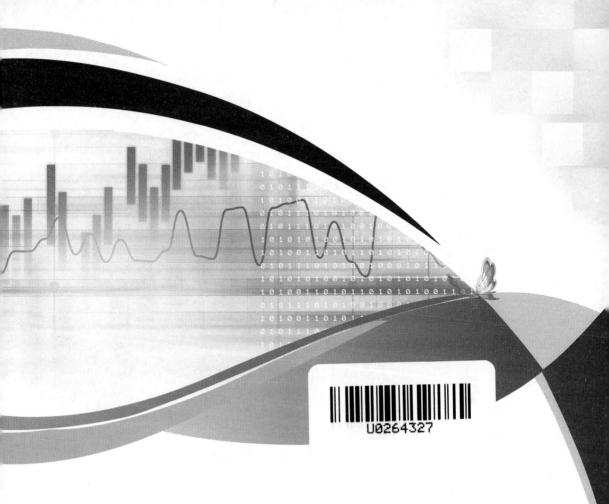

数据资产

从**数据治理**到**价值蝶变**

李涛◎著

中国石化出版社

·北 京·

内 容 提 要

本书内容包括数据如何从记录到价值、数据治理是数据资产化的炼金石、数据资产是数字经济发展的引擎、数据治理支撑数据资源化、数据治理支撑数据资产化、探索数据资本化的方式、数据资产时代的挑战、数据治理常见误区等；结合大型集团数据资产管理和数据治理的实践，厘清了数据治理和数据资产相关的概念，指出了数据价值转化的关键路径，明确了数据价值路径中的核心工作，为当前开展数据资产管理的企业提供了重要参考。

本书可供从事数据治理、数据资产管理、数据资源入表、数据资本化等工作的相关人员阅读，特别适合正在寻求挖掘更大数据价值的企业 CEO、CIO、CDO、IT 总监、IT 经理、项目经理、业务主管、业务骨干等参考。

图书在版编目(CIP)数据

数据资产：从数据治理到价值蝶变 / 李涛著.
北京：中国石化出版社，2024. —ISBN 978-7-5114
-7728-6

Ⅰ. F272. 7

中国国家版本馆 CIP 数据核字第 20247HU183 号

中国石化出版社出版发行

地址:北京市东城区安定门外大街 58 号
邮编:100011 电话:(010)57512500
发行部电话:(010)57512575
http://www.sinopec-press.com
E-mail:press@sinopec.com
北京艾普海德印刷有限公司印刷
全国各地新华书店经销

*

710 毫米×1000 毫米 16 开本 14 印张 223 千字
2024 年 10 月第 1 版 2024 年 10 月第 1 次印刷
定价:98.00 元

《数据资产：从数据治理到价值蝶变》
编 委 会

自序

　　在数字经济的大潮中，数据的作用越来越突出，已经成为支撑和推动经济发展的基石，为社会再生产的各个领域注入活力，引领生产方式、消费模式和经济结构的革新。数据要素日益成为重组全球要素资源、重塑全球经济结构、改变全球竞争格局的关键力量，深刻变革全球生产组织和贸易结构，重新定义生产力和生产关系，全面重塑治理模式和生活方式。利用好数据要素是驱动数据经济创新发展的重要抓手。

　　2020年，《中共中央　国务院关于构建更加完善的要素市场化配置体制机制的意见》首次将数据与土地、劳动力、资本、技术等传统要素并列为生产要素。2021年12月，国务院发布的《"十四五"数字经济发展规划》指出，数据要素是数字经济深化发展的核心引擎。数据要素对提高生产效率的乘数作用不断凸显，成为最具时代特征的生产要素。2022年12月，中共中央　国务院发布的《关于构建数据基础制度更好发挥数据要素作用的意见》指出，数据作为新型生产要素，是数字化、网络化、智能化的基础，已快速融入生产、分配、流通、消费和社会服务管理等各环节，深刻改变着生产方式、生活方式和社会治理方式。2023年8月，财政部发布《企业数据资源相关会计处理暂行规定》，开启了企业数据资产化的实施路径，标志着我国数据资源入表迈出了从0到1的关键一步，这也是促进数据要素流动的重要举措。

数据资产化是企业实现数据价值的核心，是在实现数据使用价值的基础上向实现交换价值迈进，进而逐步释放数据生产力的过程。企业通过深入挖掘数据价值，实现数据的资产化，明确数据资产价值实现路径，推进商业模式变革是大势所趋。数据交换价值的有效挖掘与实现将进一步激发企业开展数据资产化的动力。然而，企业数据资产化的探索，对数据确权、价值评估和数据交易的规范化提出了新要求，对跨区域、跨部门、跨层级的协调机制和统一规范的数据流通规则的需求也愈发强烈，这些新的挑战就需要企业开展数据治理，管理和控制企业数字资产，确保数据被正确地管理、访问、使用和维护，以实现数据资产的增值。

《数据资产：从数据治理到价值蝶变》从数据到价值的蝶变视角讨论了数据资源化、数据资产化、数据资本化及数据治理在其转变过程中的关系和作用。厘清了企业在不同阶段开展数据价值发掘的核心内容、重点方法、典型工具以及数据治理机制，解答了企业在数据资产和数据治理管理过程中的误区。在数据作为生产要素的新时期、新环境、新发展的重要阶段，本书对企业开展数据价值探索和数据治理具有很好的参考价值和借鉴作用。

随着数字化转型的加速发展，数字经济逐渐成为重组全球要素资源、重塑全球经济的重要力量。让我们携手同行，为实现企业数据的内驱动力，助力数据要素的高效流通，发掘更深层次的数据资产价值共同努力，书写数字经济时代的新篇章！

前言

在全球数字化和信息化的浪潮中，数字经济正在以前所未有的速度崛起，已成为推动新质生产力发展的重要支撑和关键引擎。**从国家层面来看**，党中央、国务院高度重视数据要素战略性布局。习近平总书记强调，"要构建以数据为关键要素的数字经济""数据是新的生产要素，是基础性资源和战略性资源，也是重要生产力"。2020 年至今，国家陆续出台了多项激发数据要素增值创效的相关政策，要求加快发展新质生产力、构建适应性模式制度、推动央企加快布局发展人工智能产业等。**从行业层面来看**，数据要素已成为驱动能源产业革命的核心要素，在资源形态、生产方式、生活方式和治理方式等方面驱动传统能源体系变革为智慧新型能源体系起到重要支撑作用。**从企业层面来看**，大型企业纷纷以数据要素为抓手支撑集团乃至国家战略部署落地，通过加强国计民生服务数据供给、探索构建数据要素市场、创新发展人工智能产业、立体防控数据安全风险等一系列数据价值开发举措，推进数据"供得出""流得动""用得好""保安全"。具体表现在建立了企业数据治理组织、制度及流程，形成了数据管理体系；开展了数据资源梳理，建立了企业数据资源目录、盘清了数据资源底数及开发典型应用场景，形成了数据资源应用模式；开展了数据资产入表，建立了数据确权、估值、交易制度，形成了数据内外部流通机制；开展数据资本化探索，进行数据资产质押、数据资产证券化、数据资产贷款等数据金融活动，形成了数据资本化扩张的趋势。以上这些工作的有序开展，为我国数字经济的高质量发展奠定了坚实基础。

然而，从数据向数据资源、数据资产、数据资本的价值转化中，存在着数据质量、数据标准、数据安全、数据共享、数据流通、数据确权、价值评估等复杂的数据管理工作，构成了数据价值转化过程中的巨大挑战。当前，很多企业依然存在对数据治理、数据资源、数据资产、数据资本等概念的理解含混不清，价值路径模糊不明、关键措施迟缓不动等问题，这将大大阻碍数据价值在企业全面发挥，影响企业新质生产力的形成，削弱企业市场核心竞争力。为了破解这些挑战，《数据资产：从数据治理到价值蝶变》一书应运而生，结合大型集团数据资产管理和数据治理的实践，厘清了数据治理和数据资产相关的概念，指出了数据价值转化的关键路径，明确了数据价值路径中的核心工作，为当前开展数据资产管理的企业提供了重要参考。

《数据资产：从数据治理到价值蝶变》共分为八章，第一章介绍了数据从产生到价值蝶变过程、国内外数据资产相关政策以及其中的关键概念，包括数据、数据资源、数据资产、数据资本以及数据治理等；第二章阐述了数据治理和数据资产化、数据入表的关系；第三章从新质生产力和数据驱动的视角阐述了数据资产在数字经济发展中的引擎作用，突出了数据资产管理的重要性；第四章和第五章详细介绍了数据资源化、数据资产化过程中的关键管理内容以及数据治理内化其中的组织职能、制度体系、管理工具的演变及变革；第六章介绍了数据资本化的主流模式以及方法、路径和典型案例；第七章进一步阐述了数据资本化面临的数据泡沫、数据腐败、数据垄断等挑战；第八章根据实践总结了数据治理和数据资产管理的误区。本书从数据价值的视角厘清了数据资产管理和数据治理的内在逻辑，解决了当前众多企业关心的数据资产化过程中的问题。

本书适合正在或希望从事数据治理、数据资产管理、数据资源入表、数据资本化等工作的相关人员阅读。本书为正在寻求挖掘更大数据价值的企业提供了数据治理和数据资产管理融合的思路和方法，因此特别适合这些企业的 CEO、CIO、CDO、IT 总监、IT 经理、项目经理、业务主管、业务骨干等阅读。本书是《数据资产视角下数据治理》丛书的第一册，接下来还将继续出版《采购供应链域数据资产化》《财务域数据资产化》《营销与销售域数据资产化》等系列分册，介绍从数据价值总体视角到数据价值具体到业务域价值化的路径和方法。

本书在编写过程中，得到了石化盈科信息技术有限责任公司领导及同事的支持和关心，得到了众多朋友及专家的指导和帮助，是大家在新时期数据管理领域智慧的结晶，是大家的共同努力才得以使本书出版，在此表示一并感谢！

目录

第一章
数据如何从记录到价值

在这个数字化飞速发展的时代，我们每天都在与数据打交道。从早晨的天气预报，到工作中的数据分析，再到夜晚的社交媒体浏览，数据无处不在，无时无刻不在影响着我们的生活。那么，究竟什么是数据？它是如何一步步演进到具有价值的资产的呢？

第一节　数据：无处不在的信息载体

一、数据的经纬：定义、分类和价值

（一）数据的定义

狭义的数据，可以将其理解为一种特定的、被计算机所识别与处理的符号集合。在计算机科学中，数据是计算机程序运行的基石，是信息在计算机内部的呈现方式。它们通常以二进制的形式存在，通过一系列 0 和 1 的组合来记录、存储和传输信息，能够被程序准确地读取和操作，以实现各种复杂的计算和功能。

而**广义的数据**，则是一种更为宽泛的概念。它不仅仅局限于计算机中的二进制信息，而且包括了所有可以用来描述和记录事物属性、状态、关系等的符号和媒介。这些数据可以是数字、文字、图像、声音、视频等多种形式，能够描述事物的各个方面，展现事物的全貌。广义的数据是丰富多彩的，可以来源于各种渠道，如人工输入、互联网、传感器、卫星等，为我们提供了大量的信息和知识。

简而言之，狭义的数据主要体现在计算机内部的信息处理，而广义的数据则涵盖了更广泛的信息记录和表达形式。当我们在谈论数据治理和数据资产时，更侧重于广义的数据。

（二）数据的分类

数据种类繁多，形式各异，为了更好地理解和应用这些数据，我们需要对其

进行分类。数据的分类不仅有助于高效地管理和检索信息，还能为数据分析和决策提供有力的支持。以下是一些常见的分类：

1. 按数据来源划分

（1）原始数据：直接来源于观测或测量，未经过其他处理或计算的数据。例如，通过温度传感器直接采集到的环境温度。

（2）衍生数据：这类数据是通过一定的计算、处理或分析得到的。例如，根据一系列温度数据计算出的平均温度。

2. 按结构化程度划分

（1）结构化数据：这类数据具有明确的结构和格式，通常存储在数据库中，便于查询和分析。例如，用户信息表中的数据，每一列都代表一个特定的属性，如姓名、年龄、地址等，数据以表格形式整齐排列。

（2）半结构化数据：这类数据具有一定的结构，但不如结构化数据那样严格对齐。例如一个电子版的记事本，用来记录各种信息，比如购物清单、待办事项、想法和灵感等。这个记事本没有固定的格式，你可能会用标题、项目列表或者简单的段落来组织内容，这个记事本的内容就可以被视为半结构化数据。

（3）非结构化数据：这类数据没有固定的结构或格式，包括文本、图像、视频等。例如，社交媒体上的用户评论、上传的图片或视频，都属于非结构化数据。

3. 按数据安全等级划分

（1）敏感数据：包括个人隐私信息、商业机密等，一旦泄露可能会对个人或企业造成严重后果，需要受到严格的保护和管理。

（2）非敏感数据：相对较为公开和透明，如公开的新闻报道或政府公告等，这些数据可以在更广泛的范围内共享和使用。

4. 按数据处理的阶段划分

（1）原始数据：直接从源头（如传感器、调查问卷、日志文件等）收集来的，还没有经过任何处理的数据，就像是刚从大自然中捡来的一块未经雕琢的石头，它包含了很多原始信息，但也可能夹杂着一些杂质或不需要的部分。

（2）中间数据：在数据处理过程中，我们会对原始数据进行清洗、整理、转换等操作，生成中间数据。就像是那块原始石头经过初步打磨后的形态，它开始展现出一些有用的形状，但仍然需要进一步加工。

（3）结果数据：经过一系列复杂的数据处理和分析后得到的最终结论或报告。就像是那块石头最终被雕琢成的一件精美艺术品，它直接展现了数据的价值和意义。

5. 按数据主体划分

（1）个人数据：指与特定个体相关的信息，具有私密性和敏感性，需要得到妥善保护，以防止数据泄露和滥用。

（2）企业数据：指企业在运营过程中产生的各种数据，包括销售数据、库存数据等，通常具有商业价值，可以为企业决策提供支持，同时也需要得到保护以防止竞争对手获取。

（3）公共数据：指由政府机构、公共事业单位等产生的数据，包括气象数据、交通数据等，具有开放性和共享性，旨在为社会公众提供服务。

数据分类不仅限于我们所熟知的几个维度，还可以从更多角度进行深入剖析。对数据进行细致的分类，不仅能够帮助我们更好地理解和利用数据，还可以迅速定位到所需数据，减少查找时间，从而提升工作效率。更进一步来说，良好的数据分类对于数据资产的整体优化和增值也至关重要，它能够帮助我们识别出哪些数据是具有高价值的，进而对其进行重点保护和开发利用，实现数据的最大化利用。

（三）数据的价值挖掘

数据的价值不仅在于其提供了大量的信息和知识，更在于它能够帮助我们做出更明智的决策、优化流程、推动创新、提升用户体验、预测风险以及增强公信力。随着技术的不断进步和数据的日益丰富，数据的价值将会得到更加充分的挖掘和应用。

1. 数据是决策的基础

数据提供了一种将现实世界量化的手段，使得我们能够更加客观、准确地把握事物的本质和规律。通过分析数据，我们可以洞察市场趋势、消费者行为以及业务运营状况，从而为决策提供科学依据，避免盲目行动。例如，通过销售数据，企业可以了解哪些产品受欢迎，哪些营销策略有效，从而调整产品组合和市场推广方式。又如，在人力资源管理中，通过员工绩效数据，企业可以更科学地评估员工的工作表现，制定更合理的薪酬和晋升政策。

2. 数据优化运营效率

通过对数据的深入分析，可以发现业务流程中的瓶颈和低效环节，进而进行优化，提高生产效率并降低成本。比如，利用生产数据来识别生产流程中的浪费环节，从而实现资源的高效利用；利用生产数据优化工艺流程，调节工艺参数，使生产的产品价值最大化。

3. 数据驱动创新

数据不仅记录了过去的经验和教训，还可以揭示新的机会和趋势，揭示新的商业机会和创新点，促使企业和组织开发出更符合市场需求的产品和服务。例如，在线教育公司利用学生的学习数据，如学习时长、答题正确率、学习偏好等，构建个性化教育平台。该平台通过数据分析，为每个学生提供定制化的学习路径和资源推荐。对于数学基础薄弱的学生，平台会推荐更多基础数学课程和练习题；而对于已经掌握基础知识的学生，平台则会提供更多高级课程和挑战性题目。这种数据驱动的教育模式创新，不仅提高了学生的学习效果，还实现了教育资源的优化配置。

4. 数据提升客户体验

通过数据分析，企业可以更精准地了解客户需求和偏好，从而提供个性化的产品和服务，提升客户满意度。例如，根据用户的购物历史和浏览行为，电商平台可以为用户推荐相关商品，提高购物体验。在音乐行业，通过分析用户的听歌数据和偏好，音乐平台可以发掘新的音乐风格和艺术家，推出更符合用户口味的音乐作品。

5. 数据助力社会治理

从社会角度来看，数据在政府公共服务和社会治理中也发挥着重要作用。政府可以利用数据分析来优化公共资源配置，提高公共服务的质量和效率。同时，通过数据分析，政府还可以更好地进行社会治理，如环境监测、城市规划等。例如，在城市规划中，通过分析人口流动数据和交通数据，政府可以更科学地规划城市基础设施和公共服务设施的建设；在环境保护方面，环境监测数据可以帮助政府及时发现环境问题，制定有效的保护措施。

二、数据的一生

数据的生命周期是一个从生成到销毁的完整过程，每个阶段都有其独特的意义和价值，合理管理和利用数据的生命周期，对于企业和个人来说都至关重要。

（一）数据生成

数据的生命周期始于其生成。在数据生命周期的起始阶段，数据通过各种活动被创造出来，这些未被加工过的数据叫**原始数据**。例如，在电商平台上的每笔交易、每次搜索或点击都会产生新的原始数据。此外还有，工业物联网层面的炼油化工设备自动感知并直接生成的，如压力值、温度值、电流电压值等传感器数据，电机转速、运行时间、功率消耗等机器运行数据；经营管理层面的过程中生成的原始数据，如采购订单信息、客户数据、销售记录等销售数据，产量、废品率、生产周期等生产数据，产品信息、规格参数、生命周期等产品数据，库存数量、入库时间等库存数据。

（二）数据采集与转换

数据生成后，紧接着是数据采集与整合阶段。这一阶段的目标是将分散、零碎的数据集中起来，形成一个统一、可用的数据集。数据转换过程是让选定的数据与目标数据库的结构相兼容。转换包括多种情况，例如，当数据向目标移动时将它从源数据中移除，或是数据复制到多个目标中等情况。

（三）数据存储与加工

一旦数据采集并转换完毕，就需要将其存储起来以便长期使用。存储数据时，需要考虑数据的类型、大小、访问频率等因素，以选择合适的存储方案，如关系型数据库、数据湖、数据仓库或云存储等。同时，为了保证数据的质量，可能还需要进行数据清洗，去除重复、错误或无效的数据。数据加工则包括数据的转换、聚合和计算等操作，以便将其转化为适合分析的格式。存储时要考虑数据的安全性、可访问性和可扩展性。

（四）数据应用与分析

在这一阶段，使用各种统计方法和机器学习算法对数据进行深入分析，探索数据之间的关系、识别趋势和模式，或者预测未来的结果。这些分析结果可以用来实现前面章节提到的各项数据价值，可以为企业决策提供支持，如市场定位、产品开发、营销策略等，还可以被用来优化内部流程、提高效率或降低成本。

（五）数据共享与交换

数据的价值不仅限于单个组织内部。通过与其他组织或个人共享数据，可以带来新的视角和见解，促进跨领域的合作和创新。例如，科研机构之间共享研究数据可以加速科学发现的进程；企业之间交换市场数据可以帮助他们更好地了解行业动态和竞争态势。然而，数据共享也需要考虑隐私和安全问题，确保只有授权的用户才能访问敏感数据。

（六）数据归档与销毁

当数据完成其分析和应用使命后，就需要考虑其长期保存或销毁的问题。对于具有重要历史价值或法律要求保留的数据，需要进行归档处理。归档可以确保这些数据在未来仍然可用且不被篡改。而对于那些不再需要的数据，则应该进行安全的销毁处理，以防止数据泄露或被非法利用。销毁数据时，需要确保数据的彻底删除且无法恢复。

第二节　数据资源：解锁信息潜力

一、数据从无序变有序

数据资源是指对于原始数据识别、采集、加工、存储、管理和应用，以及进行标准化、指标化、模型化等相应加工后的衍生数据。数据资源是数据的升华，当数据被赋予了一定的上下文和意义，它们被整理、分类并存储在可以被有效检索和利用的系统中时，这些数据就变成了数据资源。数据资源强调的是数据的组织性和可利用性，例如，一个城市的交通流量数据，如果仅仅是一堆数字，那么它们只是数据；当我们把这些数字整理成时间序列，分析出交通拥堵的高峰时段和地点，这些数据就变成了对城市规划和管理有价值的数据资源。再比如，来自不同国家、不同厂家的设备运行过程中产生的温度数据，有的以摄氏度计量，有的以华氏度计量，如果没有统一的计量口径，就没法与安全生产的标准进行对比，那么它就是一组无意义的数据；当我们将计量单位统一后，这些数据就具有可比较性，有了分析和利用的价值，它就成为了数据资源。

数据资源化是将原始数据转化为有用资源的过程。通过数据资源化，我们对数据进行清洗、整合和标准化，使其变得更加结构化和有序。这一过程能够揭示数据中的模式、趋势和关联性，为后续的数据分析和挖掘奠定坚实基础。数据资源化不仅提升了数据的质量，还使其更易于被分析和解读，从而为企业提供更准确的洞察和决策支持。

二、数据资源有其权属

在数字时代，数据已经成为一种新型的资源，其重要性不亚于传统的物质资源，数据资源权属问题也逐渐凸显出来。数据权属是指与数据相关的各种权益的归属和分配问题，明确数据权属是保护数据安全、促进数据流通和利用、维护各方利益的重要基础。因此，对数据资源权属的探讨和研究具有重要的意义。

关于数据资源的权属有非常多的说法，处于不同条件和情境之下，所考虑的数据资源权属有所不同。

（一）组织内部数据权属

数据在企业内部流通情况下，主要在组织或企业内部进行共享和使用，数据的所有权、加工权、管理权和使用权是该情境下通常被提到的主要权属。

1. 所有权

数据的所有权通常归属于数据的初始收集者和处理者，他们有权对数据进行生产、使用、收益和处理。数据所有权是企业数据资产管理的基石，它确保了企业能够根据自身的发展战略和业务需求来有效利用数据资源。

2. 加工权

数据的加工权指数据处理者通过各种技术手段对数据进行加工成数据产品的权利，是组织根据数据使用的目的和范围，赋予团队加工的权利。

3. 管理权

为了确保数据标准、安全、高质，企业会设立专门的数据管理团队或部门来负责数据的日常维护、备份、恢复以及安全防护等工作。这些团队或部门拥有对数据的管理权，他们负责制定和执行数据管理政策，监控数据的使用情况，及时发现和解决数据安全问题。数据管理权还包括对数据质量的监控和提升，数据管理团队会定期检查和清洗数据，以确保数据的准确性和可靠性。他们还会与业务部门紧密合作，根据业务需求来优化数据结构和处理流程，提高数据的使用效率和价值。

4. 使用权

在企业内部，数据使用权是根据数据消费者的职责、角色和权限来分配的。不同部门的员工根据其工作性质，会被授予不同级别的数据访问和使用权限。例如，销售部门可能需要访问客户数据以进行市场分析，而人力资源部门则需要处理员工信息。这种权限分配是在严格遵守企业内部规章制度和数据管理政策的前提下进行的，以确保数据的合规使用和防止数据泄露。

（二）交易流通的数据权属

数据在社会上交易流通时，目前比较权威的权属归类为数据的持有权、加工使用权和经营权。《中共中央 国务院关于构建数据基础制度更好发挥数据要素作用的意见》（简称"数据二十条"）明确提出了数据持有权、数据加工使用权和数据经营权三权分置的新模式，已成为当前数据权属界定的主流标准，故本书中的数据权属更多也指的是这类模式。

1. 持有权

企业作为数据的原始收集者，最核心的权属是数据持有权。这意味着企业需要负责数据的存储、保护和安全性，应建立严格的数据管理制度，通过数据治理确保数据的完整性、可靠性、安全性和合规性。对于企业开展数据交易时，数据持有权明确了数据的原始归属，这是进行数据交易的前提。只有明确了数据的持有者，买家才能放心地与卖家进行交易，避免了权属不清带来的潜在纠纷。

2. 加工使用权

数据加工使用权在数据交易中同样占据重要地位，数据的消费者不仅获得了数据本身，还获得了对数据进行加工、整合和分析的权利，使得数据买家能够根据自己的需求，深入挖掘数据的价值，从而实现数据的最大化利用。

3. 经营权

数据经营权是数据交易的最终目的，数据的价值在于流通和利用，数据经营权正是为了实现这一目的而存在的。通过数据交易，卖家可以将数据经营权转让给买家，买家则可以利用这些数据开展各种商业活动，从而实现数据的商业变现。

总体来说，"三权"在企业外部的数据交易中起到了桥梁和纽带的作用，"三权"的明确和转让，为数据的买卖双方提供了有力的法律保障和商业机会，使得数据交易成为了一种可行且有利可图的商业模式，也为数据资产的确权奠定了基础。

第三节　数据资产：重塑商业格局的智慧资本

从最初的简单记录到如今的经济驱动力，数据资产经历了复杂的演变过程，并深刻影响着当今社会的方方面面。企业和组织意识到这些数据资源可以帮助优化决策、提升效率和创新产品时，数据资源便开始了资产化的过程。在这个阶段，数据的管理、保护和利用变得更为规范和专业，数据的价值也得到了更充分的体现，其特征与属性也逐渐显现出来。当数据资产被进一步用于融资、投资或股权交易等金融活动时，数据就实现了资本化。数据资本化是数据价值最大化的体现，它使得数据不仅能够驱动业务增长，还能直接参与资本市场的运作，为企业创造更多的财富。

一、数据是一类资产

中国信通院大数据技术标准推进委员会 2023 年出版的《数据资产管理实践白皮书 6.0》中对数据资产提供了明确的定义：数据资产是指由企业拥有或者控制的，能够为企业带来未来经济利益的，以物理或电子的方式记录的数据资源，如文件资料、电子数据等。

前面提到的数据资源更偏向于一种原始的、潜在的价值状态，需要经过一系列的加工和处理才能被有效利用，管理上更侧重于确保其准确性、完整性和安全性。数据资产则是那些已经经过深加工和验证，可以直接用于决策支持、产品开发或市场营销等，能够带来明确经济利益的数据，管理上更多地关注数据的权属问题、价值评估，以及如何最大化地利用这些数据资产来创造经济价值。

数据资产化是将经过资源化的数据进一步转化为具有明确经济价值的数据资产的过程。在学术研究中，这一过程被视为数据价值量化的重要环节，它赋予了数据明确的权属和经济价值，使数据能够在市场环境中进行有效交易和流通。数据资产化不仅有助于企业或组织实现数据资源的经济价值最大化，同时也推动了数据科学和数据经济的发展。

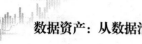

二、数据资产与无形资产的关系

（一）数据资产是无形资产的一种

数据资产是否属于无形资产的一种，这一问题在财务和会计领域已经引起了广泛的讨论。数据资产确实可以被视为无形资产的一种，这一观点得到了多方面的权威支持。

从我国财政部的相关规定来看，如果数据资产符合《企业会计准则第6号——无形资产》中关于无形资产的定义和确认条件，那么它就可以被纳入企业的资产负债表，作为无形资产进行核算。

从无形资产的定义出发，我们也可以得出数据资产属于无形资产的结论。无形资产是指那些没有实物形态、但具有经济价值的资产。数据资产虽然以电子形式存在，没有具体的物理形态，但它却蕴含着丰富的信息和价值，能够为企业带来经济利益。因此，数据资产符合无形资产的基本特征。

从国际上的会计准则和实践来看，数据资产也被视为无形资产的一种。虽然不同国家和地区的会计准则可能有所不同，但普遍都认为无形资产包括那些非物质形态的、能够为企业创造价值的资产。数据资产正是这样一种资产，它代表了企业在数据方面的投入和积累，具有潜在的经济价值。

（二）数据资产与其他无形资产的相似之处

1. 非实物形态

数据资产和无形资产都不具有实物形态。无形资产，如专利权、商标权、著作权等，表现为一种法定权利或技术知识。同样，数据资产也是以电子形式存在的非实体资源。

2. 价值性

数据资产和无形资产都具有价值性，能为企业带来经济利益。无形资产的价值往往体现在其能够提升企业的竞争力、品牌形象或技术实力上。数据资产则通过数据分析、挖掘和应用，帮助企业做出更明智的决策，从而创造商业价值。

3. 可辨认性

无形资产和数据资产都是可辨认的。无形资产通常是通过法律手段或专业评估来确认的。而数据资产虽然权属更难以确定，但一旦确定其权属，也是可以辨认和计量的。

4. 资产负债表中的体现

在企业的资产负债表中，无形资产是一个重要的资产类别，反映了企业的非实物资产价值。数据资产也可以在资产负债表中得到更明确的体现，以反映其对企业价值的贡献。

（三）如何区别数据资产与其他无形资产

数据资产，作为一种特殊类型的无形资产，不仅承载了企业的关键信息和市场洞察，还是推动企业创新、提升竞争力的重要资源。在数字经济时代，对数据资产的准确识别和科学管理，将成为企业持续发展的重要基石。数据资产以其独特的信息本质、价值的动态变化、使用的灵活性以及对隐私、安全和技术的特别要求，明显区别于其他无形资产。

1. 信息本质与形态

数据资产的本质是信息，它以数字化的形式存在，通过二进制代码进行表示和存储。这种信息形态使得数据资产具有高度的可复制性、可传输性和可编辑性，与其他无形资产如专利权、商标权等以法律授权或特定权利为本质的形态存在显著差异。

2. 价值动态性

数据资产的价值往往随着时间和使用情境的变化而动态变化。例如，某些数据在某一时期可能具有极高的价值，但随着市场环境或技术进步的变化，其价值可能会显著降低。这种价值的动态性与其他无形资产相对稳定的价值形成鲜明对比。

3. 使用方式的灵活性

数据资产可以被多次使用、重复利用，并且可以在不同的场景和应用中进行组合和挖掘，以产生新的价值。这种使用方式的灵活性使得数据资产在创新应用、决策支持等方面具有独特优势。而其他无形资产，如专利权，其使用方式通常具有一定的排他性。

4. 隐私与安全性挑战

由于数据资产涉及个人隐私和企业敏感信息，因此在处理、存储和传输过程中需要严格遵守相关的数据保护和隐私法规，使得数据资产的管理和使用相较于其他无形资产更为复杂和敏感。

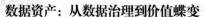

5. 技术依赖性

数据资产的管理、分析和利用高度依赖于先进的技术工具和平台，如大数据分析、人工智能等。这些技术的不断发展和创新为数据资产价值的挖掘提供了更多可能性，但同时也要求企业具备相应的技术能力和人才储备。这一点与其他无形资产的管理和使用相比，具有更强的技术依赖性。

三、数据资产赋予企业的前瞻视野

数据资产化是将数据视作一种资产来管理和运用，其对企业的价值不可估量，且这种价值体现在多个层面。我们将从财产角度和数据管理角度两个核心维度，深入探讨数据资产化对企业的深远价值。

（一）从财务角度看数据资产的价值

1. 资产增值与财务表现提升

数据资产化首先意味着企业可以将数据作为一项重要的资产列入财务报表，随着数据的不断积累和价值挖掘，这些数据资产的价值将逐渐显现，并可能成为企业资产负债表中的重要组成部分。例如，京东数科不仅将数据资产化，还通过数据资产平台提供数据服务，以支持业务决策和产品创新。这种做法有效地将数据转变为可复用的资产，进而提升了企业的整体资产价值。

2. 新的收入来源与商业模式创新

数据资产化为企业开辟了新的盈利模式，企业可以通过出售或共享脱敏后的数据，或者提供基于数据的增值服务来获得收入。例如，腾讯利用其社交平台上积累的大量用户数据，为广告主提供精准的广告投放服务，这不仅提高了广告效果，也为腾讯带来了可观的广告收入。

（二）从数据管理角度看数据资产的价值

数据管理内容涵盖数据收集、存储、处理、保护、维护和应用等多个环节的综合性过程，旨在充分有效地发挥数据的作用，为组织的运营和决策提供坚实的基础。可以通过以下几个方面从数据管理角度看数据资产的价值。

1. 提高数据质量

数据资产化要求建立严格的数据治理机制，包括数据清洗、验证和标准化流程，能够显著提高数据的准确性和完整性，为决策提供可靠支持。

2. 数据整合与标准化

数据资产化的首要任务是整合企业内部的各类数据，并制定统一的数据标准。这一过程中，企业会对不同来源、不同格式的数据进行清洗、转换和标准化处理等，使其符合统一的数据规范和格式。这不仅有助于提升数据的质量和一致性，还能确保数据在企业内部各个部门之间实现无缝流通和共享。

3. 数据安全与隐私保护

数据资产化推动企业建立完善的数据安全管理体系，包括数据加密、访问控制、数据备份与恢复等措施，确保数据在存储、传输和使用过程中的安全性。同时，企业还需遵循相关法律法规，保护用户隐私，避免因数据泄露而引发的法律风险和信誉损失。

4. 数据共享与协作

数据资产化有助于打破企业内部的数据壁垒，实现数据的共享与协作。通过建立统一的数据平台，企业可以促进不同部门之间的数据交流和共享，激发团队协作和创新精神。

5. 数据价值挖掘

数据资产化的最终目的是实现数据价值的最大化。通过对数据的深入挖掘和分析，企业可以发现潜在的市场机会、优化业务流程、提升产品质量和服务水平等。这种基于数据的价值挖掘和利用能力将成为企业未来竞争的核心优势之一。

第四节　数据资本：数据价值的高阶升华

一、数据资本化是什么

数据资本化是指将数据资产的价值和使用价值折算成股份或出资比例，通过数据交易和数据流通活动将数据资产变为资本的过程。数据资本化可以说是数据资产化的进一步演进，它意味着数据不仅被视为有价值的资产，更被当作可以投入生产、创造价值的"资本"，对数据和企业价值都有促进意义。

数据资本化有多种应用方式，最常见的是基于数据资产的抵押贷款业务。2024年4月举行的"全球首个数据资产评估模型发布暨中关村数据资产双创平台成立仪式"上，传来了一则创新消息：贵州东方世纪凭借其数据资产作为"抵押"，成功获得了贵阳银行发放的第一笔"数据贷"款项，同样的还有中国工商银行推出数据资产融资授信服务、中国建设银行的"数易贷"服务等。除了数据资产抵押贷款外，资本化还可体现在基于数据资产的结构化债权产品设计、数据证券化、数据信托和数据质押融资等方式，当然未来也有更多资本化的可能性待我们去开发。

二、数据资本化意味着什么

（一）数据资本化提升数据的流动性和交易性

在数据资本化的框架下，数据不再仅仅是企业内部使用的资源，更可以成为市场上交易的对象。这种交易不仅限于数据的直接买卖，还包括数据使用权、数据服务等多种形式的交易。

（二）数据资本化对数据的真实性、合法性和安全性提出更高的要求

企业需要建立完善的数据管理体系，确保数据的准确性和可信度，以赢得市场的信任。同时，政府和相关机构也需要加强对数据市场的监管，保障数据的合法使用和交易。

（三）数据资本化为企业融资提供了新的途径

随着数据价值的显现，数据资产逐渐成为金融机构认可的抵押物或投资标的。企业可以通过数据资产的抵押或转让，获得资金的支持，从而推动业务的发展和创新。

（四）数据资本化改变企业价值的评估方式

在传统的企业价值评估中，数据资产的价值往往被忽视。但在数据资本化的背景下，数据资产的价值成为了评估企业价值的重要因素之一，数据的数量、质量、应用场景等都会直接影响企业的估值。

数据资本化是企业对数据价值认知的一次飞跃，数据资产入表则是数据资产化和资本化的基础和前提。数据资产入表是指企业将数据资产以会计的方式正式记录到资产负债表中的过程，这个过程包括对数据资产的识别、计量、记录和报告，以确保数据资产的价值能够在企业的财务报表中得到准确反映，是对数据价值的确认和显化，为数据资产在市场上的定价和交易提供了依据，对于数据资本化至关重要。

第五节　国内外数据资产管理

一、欧美数据资产管理

（一）美国

美国的数据资产管理法规政策环境非常健全，为数据资产的管理和利用提供了坚实的法律基础。美国国会通过了一系列法案，如《计算机欺诈与滥用法》（Computer Fraud and Abuse Act，CFAA）、《电子通信隐私法》（Electronic Communications Privacy Act，ECPA）等，这些法律旨在保护个人和企业的数据资产免受非法侵害。此外，美国还针对特定行业制定了详细的数据保护标准，如医疗保健领域的 HIPAA（健康保险携带与责任法案），金融行业的 GLBA（金融服务现代化法案）等，以确保行业数据资产的安全和合规。

美国在技术创新与应用方面也处于领先地位，特别是在云计算、大数据和人工智能等领域。这些技术的广泛应用极大地推动了美国数据资产管理水平的提升。云计算技术使得企业和政府机构能够以更高效、灵活的方式存储、处理和共享数据资产。大数据技术则帮助组织从海量数据中提取有价值的信息，以支持决策制定和业务优化。人工智能技术的应用进一步提高了数据资产的处理和分析能力，使得数据资产的价值得到更充分的挖掘和利用。

在美国，行业自律与政府监管在数据资产管理方面形成了良性互动。各行业组织积极制定数据保护标准和最佳实践，推动企业遵守相关法规和政策要求。政府则通过立法、监管和执法等手段，确保数据资产的安全和合规。例如，美国政府定期发布数据保护指南和政策文件，指导企业和政府机构如何管理和利用数据资产。同时，政府机构还加强了对数据资产交易的监管，以确保交易的合法性和公平性。

美国企业积极探索数据资产管理模式和商业模式创新。一些领先企业已经建立了完善的数据资产管理框架和团队，以支持企业的数字化转型和创新发展。同时，美国还涌现出一批专业的数据服务机构和咨询公司，为企业提供数据资产管理咨询、培训和解决方案等服务。这些机构和公司的参与进一步推动了美国数据资产管理水平的提升和普及。

美国作为数据资产管理领域的先行者，其资产化和资本化程度均处于世界前列。美国在数据资产管理方面注重数据的战略价值，将数据视为重要的资产，并积极探索数据资产的入表路径。美国政府和大型企业已经开始将关键数据资产纳入资产负债表，并考虑其市场价值。此外，美国政府还通过政策引导，推动数据资产的商业化利用，鼓励私营部门通过数据交易、数据服务等模式实现数据资产的资本化。

（二）英国

英国曾经是欧盟成员国，在数据资产管理方面深受欧盟法规的影响，特别是遵循了欧盟的《通用数据保护条例》（GDPR）。GDPR 为全球范围内的数据保护提供了统一的法律框架，对个人数据的使用和处理提出了严格的要求，包括数据主体的权利、数据控制者和处理者的责任等。

除了遵循 GDPR 外，英国还制定了本国的数据保护法律，如《数据保护法》（Data Protection Act 2018），进一步细化和强化了对数据资产的保护。这些法律法规共同构成了英国数据资产管理的坚实基础，确保了数据资产的安全性和合规性。

英国政府充分认识到数据资产的战略价值，将数据资产管理纳入国家战略层面进行规划和部署。具体而言，英国政府通过加强数据资产的集中管理，建立数据共享和交换平台，促进不同部门和组织之间的数据流动和共享。同时，政府还鼓励企业和研究机构积极利用数据资产，推动数据驱动的创新发展。

在数据资产的安全与隐私保护方面，英国政府采取了多层次、全方位的措施，确保数据资产在处理和使用过程中的安全性和合规性。英国政府建立了严格的数据资产监管机制，通过加强对数据资产处理和使用过程的监督，确保所有涉及数据资产的活动都符合《通用数据保护条例》（GDPR）和相关法律法规的要求。政府部门定期开展数据资产审计，对数据资产的收集、存储、处理、共享和销毁等环节进行全面检查，以识别潜在的风险和问题，并及时采取整改措施。英国政府非常重视数据主体的权利保护，确保数据主体能够充分了解其个人数据的使用情况，并在必要时要求删除或更正不准确的数据。政府要求企业和组织在收集、处理和共享个人数据时，必须明确告知数据主体相关情况，并获得其明确同意。同时，政府还设立了数据保护监管机构，负责处理数据主体的投诉和纠纷，保障其合法权益不受侵害。

英国政府将数据资产视为国家战略性资源，通过制定数据战略和政策框架，推动数据资产的规范管理和有效利用。在资产化方面，英国政府正在探索将数据资产纳入公共部门财务报告的可能性，并考虑如何评估数据资产的市场价值。在资本化方面，英国鼓励公私合作，推动数据资产的商业化运营。例如，英国政府与企业合作开发数据产品和服务，将数据资产转化为实际的经济价值。

（三）德国

德国在数据资产管理方面展现出了高度的专业性和严谨性，尤其是在数据保护和合规性方面，其法律法规体系为数据资产的安全管理提供了强有力的保障。德国拥有世界闻名的数据保护法律体系，包括《联邦数据保护法》（BDSG）和《通用数据保护条例》（GDPR）。

工业 4.0 战略是德国政府推动制造业创新和现代化的关键举措。在这个战略框架中，数据资产管理不再是一个简单的辅助功能，而是成为实现智能制造和数字化转型的核心驱动力。德国政府投入大量资源建设完善的数据基础设施，确保数据资产的稳定、高效传输和处理。这不仅包括高速网络的建设，还涉及数据存储、处理和分析中心的构建。

德国政府还注重提升企业自身的数据资产管理能力。通过组织培训、研讨会等活动，德国帮助企业了解数据资产管理的重要性和方法论。同时，德国还鼓励企业加强与高校和研究机构的合作，共同开展数据资产管理相关的研究和实践。这些举措不仅提升了企业的数据资产管理能力，还为德国智能制造和数字化转型提供了坚实的人才保障。

在资产化方面，德国注重数据资产的质量和价值识别，通过建立数据质量标准和规范，确保数据资产的有效利用。德国政府还积极推动数据资产的分类和评估，为数据资产的入表提供基础。同时鼓励企业利用数据资产开展创新活动，通过数据驱动的创新模式提升企业的竞争力和市场价值。

（四）加拿大

加拿大在推动政府与企业之间的紧密合作以共同利用和实现数据资产价值方面，确实展现出了积极的姿态和有效的实践。例如多伦多、温哥华等城市与私营企业合作，开发智能交通系统、智能能源管理系统等，通过共享城市运行数据，提升城市管理的智能化水平；加拿大卫生部与医疗机构、技术公司合作，推动健康数据的共享和分析，以支持医学研究、疾病防控和医疗服务优化。

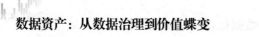

加拿大《开放政府指令》要求政府部门主动公开和共享数据，促进数据的再利用和创新。加拿大还通过设立创新基金、提供税收优惠等措施，鼓励企业和研究机构参与数据资产的利用和价值创造。

加拿大拥有一套完善的隐私保护法规框架，其中包括《个人信息保护和电子文件法》（PIPEDA），该法规为私营企业收集、使用、披露个人信息的行为设定了标准和要求。此外，各省也有自己的隐私法规，如安大略省的《信息自由与保护隐私法》（MFIPPA）。政府和监管机构还采取了一系列措施。例如，隐私专员办公室（OPC）负责监督 PIPEDA 的遵守情况，调查个人投诉，并提供隐私保护方面的建议和指导。

加拿大政府同样重视资本化的可能性，正在明确数据资产的归属和价值评估方法，积极推动数据资产的登记和分类，为数据资产的入表奠定基础。

二、国内数据资产管理

我国政府高度重视数据资产的管理和利用，出台了一系列重要文件，如"数据二十条"等。这些政策文件对数据资产的定义、分类、评估、交易等方面做出了明确规定，为企业数据资产的管理和利用提供了明确的指导和支持。具体到财务报表中的数据资产确认，相关会计准则和政策也进行了更新。例如，国际财务报告准则（IFRS）和国际会计准则（IAS）对数据资产的确认和计量做出了相应规定，明确了数据资产在财务报表中的处理原则。随着会计准则的不断完善，数据资产也逐步被纳入财务报表体系。根据《企业会计准则》的相关规定，符合条件的数据资产可以被确认为企业的无形资产，并在财务报表中进行披露，成为企业资产的一部分。这一变革使得数据资产的价值得到了官方的认可和计量，进一步提升了企业在资本市场上的价值和竞争力。政府还通过制定数据产业发展规划、设立数据产业发展基金等措施，推动数据产业的快速发展和数据资产的有效利用。

随着数字化转型的深入推进，企业对数据资产的认识逐渐加深，数据资产管理能力也在稳步提升。越来越多的企业开始参与到 DCMM（数据管理能力成熟度评估模型）贯标评估工作中，通过"以评促建"的方式，不断提升自身的数据资产管理水平。企业开始组建专业化的数据资产管理团队，完善数据管理制度，加大技术创新与应用，推动数据资产化进程。

不同行业在数据资产管理能力上呈现出显著的差异。软件和信息技术业、工业和制造业、医疗行业、教育行业等传统行业在数据资产管理上仍处于初级阶段，数据资产管理意识和动力不足。这些行业的数据资产管理主要集中在大数据平台建设阶段，尚未形成专业化的数据资产管理团队，数据标准化、数据质量管控等工作仍待加强。相比之下，金融行业、互联网行业、通信行业、电力、零售行业等行业较早享受到了"数据红利"，数据资产管理能力相对较强。这些行业持续推进业务线上化，数据资产管理重要性随之提升。它们不仅组建了专业的数据资产管理部门，还加大了技术创新与应用力度，积极开展数据分析和数据服务，不断探索数据资产化的新路径。

随着数据资产化的推进，企业开始更加关注数据价值的评估和商业模式的创新。数据价值评估作为量化数据资产价值的有效方式，为企业持续投入资源开展数据资产管理提供了动力。领先企业已经开始开展数据价值评估的实践探索，通过引入先进的数据评估模型和方法，不断提升数据资产的价值评估水平。企业也在积极探索数据资产化的商业模式。一些企业通过与外部合作伙伴共同开发数据产品和服务，实现数据资产的共享和流通。还有一些企业则通过搭建数据交易平台，为数据资产的交易流通提供便捷的途径和平台。这些创新性的商业模式不仅为企业带来了丰厚的收益，也为数据资产化进程注入了新的活力。

在数据资产化的过程中，数据安全管理作为"红线"日益受到国家行业的重视。国家层面逐渐明晰数据安全的监管红线，为企业数据安全建设提供政策引领。相关部门出台了一系列数据安全管理政策和标准规范，明确了数据安全管理的要求和措施。企业也开始加大数据安全投入力度，完善数据安全保障体系，确保数据资产的安全可控。这些举措为数据资产化的顺利推进提供了重要保障。

在资本化方面，随着数据资产在财务报表中的正式确认和资本化时代的到来，企业在资本市场上的活力和身价也得到了显著提升。首先，数据资产的价值得到投资者的广泛认可，使得投资者更加关注企业在数据管理和利用方面的能力和表现。这有助于吸引更多资本流入数字经济领域，推动企业数字化转型的加速推进。其次，数据资产的正式确认也为企业在资本市场上的融资和并购提供了更多便利。企业可以通过数据资产质押融资、数据资产证券化等方式获得更多的资金支持，同时也可以利用数据资产作为并购的重要筹码，拓展业务范围和提升市场地位。

三、国内外数据资产管理比较

（一）国内外相同点

国内外对数据资产管理的战略规划布局、组织建设发展和管理技术创新等方面都非常重视。

数据资产战略国内外政府均给予高度重视。国内外政府认识到数据资产是新时代创新和经济发展的重要基础，将数据资产的管理和利用提升到战略高度，以政策驱动数据资产化进程。各国政府充分认识到数据资产的价值，通过制定数据战略来强化数据资产管理，强调数据资产在数字经济发展中的关键作用。中国政府通过"数据二十条"等政策，系统性布局数据基础制度体系，推动数据要素市场化。

国内外都认识到，高效的数据管理组织是数据治理工作的有力推手，对于实现数据资产价值至关重要。国外政府和企业构建了多层级治理体系，确保数据资产管理的系统性和整体性。国内企业层面也重视数据管理组织的建设，通过设立数据管理组织来推动数据治理工作的落地实施。

国内外都明白，只有不断推动技术创新，才能为数据资产化提供源源不断的动力支持。国外对技术创新在数据资产管理中的作用十分重视，毫不吝啬对人工智能、大数据分析等核心技术的研发投入。国内也强调技术创新与数据能力培养，推动技术创新与数据技能教育，提升全社会数据素养。

（二）国内外不同点

国内外数据资产管理在体系成熟度、跨部门组织协同问题、法规完善度等方面均有不同的体现。

国外在数据资产管理方面的经验值得国内借鉴，在数据资产管理体系方面相对成熟，建立了完整的数据资产目录、分级分类、标准化等管理机制，数据审计实践丰富。欧美国家以其成熟的资本市场和先进的投资理念，普遍拥有庞大的资产管理规模，这一规模通常占其国内生产总值（GDP）的60%左右，彰显出其在全球经济格局中的核心地位。相比之下，中国的资产管理行业起步较晚，目前中国的资产管理规模占 GDP 的比重仅为 2.17%，远低于欧美国家，但这恰恰表明中国资产管理行业有着巨大的增长潜力和广阔的发展空间。

国外注重跨部门协同，形成了紧密的政策网络和数据共享机制，促进数据资产的共享和流通。国内虽然也在推动跨部门协同，但在实际操作中仍面临一定的困难和挑战，需要进一步加强跨部门沟通和协作。

法律法规方面，国外在数据资产管理相关法规相对完善，为数据资产化提供了有力保障。而国内在数据资产管理法规建设方面还有一定的提升空间，需要进一步完善相关法律法规体系，明确数据资产的权益归属和管理规范。我国已经探索并逐步开展数据资源入表，而国外由于会计准则的限制，目前还不支持数据资源入表。

第六节　国内数据资产管理的相关政策

一、数据二十条

数据作为新型生产要素，具有无形性、非消耗性等特点，可以接近零成本无限复制，对传统产权、流通、分配、治理等制度提出新挑战。为了构建与数字生产力发展相适应的生产关系，不断解放和发展数字生产力，国家发展改革委牵头研究起草了"数据二十条"，并吸纳了各方面有关意见。2022 年 6 月 22 日习近平总书记主持召开中央全面深化改革委员会第二十六次会议，审议通过了《关于构建数据基础制度更好发挥数据要素作用的意见》，也就是"数据二十条"，于 2022 年 12 月正式对外发布。

"数据二十条"提出了二十条数据基础制度，包含四个方面的核心内容。

（一）数据产权制度

提出建立保障权益合规使用的数据产权制度，包括推进公共数据、企业数据、个人数据分类分级确权授权使用。例如，在公共数据领域，政府通过实施"数据二十条"政策，对公共数据进行分类分级，明确教育、医疗、交通等关键领域的公共数据开放共享范围，同时也对涉及个人隐私和商业秘密的数据进行严格的权限管理。这既保障了公众的数据知情权，又确保了数据的安全合规使用。

提出建立数据资源持有权、数据加工使用权、数据产品经营权等分制的产权运行机制，健全数据产权和权益保护制度。企业层面明确数据权属，可以有保障地与伙伴合作共享数据资源，共同开发数据产品，实现了数据价值的最大化。

（二）数据流通和交易制度

提出建立合规高效、场内外结合的数据要素流通和交易制度。完善数据全流程合规与监管规则体系，统筹构建规范高效的数据交易场所，培育数据要素流通和交易服务生态。构建数据安全合规有序跨境流通机制。一些数据交易平台可通过建立完善的数据交易规则和标准，吸引了大量数据卖家和买家，平台通过提供数据质量评估、交易撮合、争议解决等服务，促进数据的高效流通和合理利用。在跨境数据流通方面，对国际电商企业也是一件好事，利用政策中的跨境流通机制，可以将其在境外积累的用户数据合规地引入国内，用于精准营销和产品开发。

（三）数据收益分配制度

要求建立体现效率、促进公平的数据要素收益分配制度。健全数据要素由市场评价贡献、按贡献决定报酬机制，更好发挥政府在数据要素收益分配中的引导调节作用。

（四）数据治理制度

要求完善数据治理体系，保障安全发展。统筹发展和安全，强化数据安全保障体系建设，把安全贯穿数据供给、流通、使用全过程。企业的数据资产化过程中也纷纷开始重视数据治理，搭建数据治理体系框架，注入更多治理内容和技术。

二、《数据安全法》

随着信息技术的广泛应用和数字化、网络化、智能化的加速推进，数据安全风险日益突出，成为关系国家安全、经济社会发展和广大人民群众切身利益的重大问题。外媒公开报道的万豪酒店 520 万客人信息被泄露、雅诗兰黛泄露 4.4 亿用户敏感信息、西方国家借题发挥污名化中国的数据安全问题等，都表明了治理和保护数据安全的法律法规的建设迫在眉睫。为了保障数据安全，促进数据开发利用，保护个人、组织的合法权益，维护国家主权、安全和发展利益，2021 年 6 月 10 日第十三届全国人民代表大会常务委员会第二十九次会议通过了《中华人民共和国数据安全法》，2021 年 9 月 1 日起施行，共计 7 章 55 条。

《数据安全法》从三方面深入展开核心内容。

（一）明确数据安全保护责任

明确了数据处理活动及其安全监管的职责分工。这包括对数据处理者（包括组织和个人）的要求，即他们需采取必要的技术措施和管理措施，确保数据在收集、存储、使用、加工、传输、提供、公开等各个环节都得到有效的保护。对于重要数据的处理者，如关键信息基础设施的运营者、公共数据的管理部门等，法律进一步强化了他们的数据安全保护责任，要求他们建立专门的数据安全管理机构，指定数据安全负责人，并建立健全的数据安全保护制度。

（二）加强数据安全保障

《数据安全法》要求建立一系列机制，包括数据安全风险评估、监测预警、应急处置和数据安全审查等。

数据处理者应当定期对数据处理活动进行风险评估，识别可能存在的数据安全风险，并制定相应的风险应对措施。对于重要数据的处理者，法律更是规定他们应当每年至少进行一次数据安全评估，并向有关主管部门报送评估报告。通过建立数据安全监测预警机制，及时发现并处置数据安全事件，防止数据安全风险进一步扩大。数据处理者应当制定数据安全事件应急预案，明确应急处置流程和措施，确保在数据安全事件发生时能够迅速响应，减少损失。对于涉及国家安全、公共利益的重要数据处理活动，法律要求进行严格的数据安全审查，确保这些活动不会对国家安全和公共利益造成损害。

2021年7月，滴滴公司在美国低调上市，这一举动很快引发了国内监管机构的关注。不久后，国家网信办宣布对滴滴出行启动网络安全审查，审查期间滴滴出行停止新用户注册，此次审查工作主要针对滴滴公司在数据处理和信息安全方面的合规性。随着审查的深入，国家网信办发现滴滴出行App存在严重违法违规收集使用个人信息问题，国家互联网信息办公室通知应用商店下架"滴滴出行"App，并要求滴滴出行科技有限公司严格按照法律要求，参照国家有关标准，认真整改存在的问题，切实保障广大用户个人信息安全，对滴滴全球股份有限公司处80.26亿元人民币罚款。在整个审查过程中，国家网信办严格遵循了《数据安全法》的原则和要求，对滴滴公司的数据处理活动进行了全面的审查和评估。此次事件不仅体现了我国对数据安全的重视程度，也展示了《数据安全法》在保障数据安全方面的实效。

自《数据安全法》实施以来，全国网信系统加大了执法力度，在网络安全、

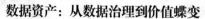

数据安全、个人信息保护等领域持续发力。2023 年全年共约谈网站 10646 家，责令 453 家网站暂停功能或更新，下架移动应用程序 259 款，关停小程序 119 款。

（三）促进数据依法合理有效利用

数据处理者应当遵循合法、正当、必要的原则，依法收集、使用数据，不得非法收集、使用、加工、传输他人个人信息，不得非法买卖、提供或者公开他人个人信息。政府应当制定政策，促进政务数据的依法共享和开放，打破数据孤岛，推动数据资源的有效利用。同时，也要保护企业和个人的数据权益，防止数据被滥用。

三、《个人信息保护法》

2023 年 8 月，中国互联网络信息中心（CNNIC）发布的《中国互联网网络发展状况统计报告》中显示，截至 2023 年 6 月，我国网民规模达 10.79 亿人，个人信息泄露成为网民遇到最多的网络安全问题。《中华人民共和国个人信息保护法》（以下简称《个人信息法》）由 2021 年 8 月的十三届全国人大常委会表决通过，2021 年 11 月 1 日起施行，全文共计 8 章 74 条。和《中华人民共和国数据安全法》（以下简称《数据安全法》）围绕数据处理活动展开不同，《个人信息保护法》是从自然人个人信息的角度出发，对个人信息隐私保护的法律。

首先，《个人信息保护法》对相关用语进行了界定，明确了个人信息的定义以及个人信息的处理包含的活动范围，有助于确保法律的明确性和可操作性。《个人信息保护法》还赋予了必要的域外适用效力，以保护我国境内个人的权益，这一规定显示了我国对个人信息保护的决心和力度。

《个人信息保护法》确立了个人信息处理应遵循的原则，强调处理个人信息必须合法、正当，并具有明确、合理的目的。这些原则将贯穿于个人信息处理的全过程和各环节，为个人信息处理提供了明确的指导。《个人信息保护法》还确立了以"告知—同意"为核心的个人信息处理规则，要求处理个人信息必须在事先充分告知的前提下取得个人同意，这一规定尊重了个人的知情权和选择权，有助于保护个人隐私。对于处理敏感个人信息，设立了严格的限制，只有在具有特定的目的和充分的必要性的情形下，方可处理敏感个人信息，并且应当取得个人的单独同意或者书面同意。这一规定有助于保护个人的敏感信息不被滥用或泄露。

对于国家机关处理个人信息的规则，《个人信息保护法》也进行了专门规定。在保障国家机关依法履行职责的同时，要求国家机关处理个人信息应当依照法律、行政法规规定的权限和程序进行，这一规定有助于规范国家机关的个人信息处理行为，防止权力滥用。

随着全球化的加速和互联网技术的发展，个人信息跨境流动日益频繁。《个人信息保护法》对此进行了明确规定，要求关键信息基础设施运营者和处理大量个人信息的数据处理者等，在境外提供个人信息前，应当进行安全评估，确保个人信息的安全和可控性。

四、《数据资源暂行规定》

为规范企业数据资源相关会计处理、强化会计信息披露，财政部会计司根据《中华人民共和国会计法》和企业会计准则等相关规定，于2023年8月21日正式发布了《企业数据资源相关会计处理暂行规定》，旨在更好地反映企业的价值，减少数据资源对当期利润的影响，并为企业数据资源的会计处理提供明确指引。

《数据资源暂行规定》明确适用于企业按照企业会计准则相关规定确认为无形资产或存货等资产类别的数据资源，这为企业内部使用或持有的数据资源提供了明确的会计处理方向。

《数据资源暂行规定》明确了数据资源的会计处理。企业使用的数据资源，若符合无形资产的定义和确认条件，应确认为无形资产，该规定更好地管理和评估其数据资产的价值。对于确认为无形资产的数据资源，企业应按照无形资产准则进行初始计量、后续计量、处置和报废等相关会计处理，确保数据资源在企业财务报表中准确反映。外购数据资源的成本包括购买价款、相关税费以及数据脱敏、清洗、标注、整合、分析、可视化等加工过程所发生的有关支出，这些成本的明确有助于企业更准确地核算数据资源的价值。企业内部数据资源研究开发项目的支出，也需要根据规定进行相应的会计处理，以确保企业内部研发形成的数据资源得到合理计量和披露。

《数据资源暂行规定》强化了数据资源相关信息披露的要求，这将为投资者等报表使用者了解企业数据资源价值、提升决策效率提供有用信息，也有助于为监管部门完善数字经济治理体系、加强宏观管理提供会计信息支撑。

五、《数据资产管理指导意见》

《关于加强数据资产管理的指导意见》由财政部制定并于 2023 年 12 月发布，旨在加强和规范数据资产管理，推动数据资产的高效利用和合规流通，为数字中国建设和数字经济发展提供有力支撑。

《数据资产管理指导意见》涵盖了三个主要部分，共提出十八条详细指导内容：

1. 确立了五大工作原则

确保数据安全与合规利用并行不悖、权利分置与资产增值相辅相成、数据分类分级与平等保护共同推进、有效市场与有为政府协同作用，以及创新方式与试点先行相互结合。

2. 界定了十二项主要任务

这些任务包括：依法管理数据资产、明确数据资产的权责关系、完善相关数据资产标准、优化数据资产的使用管理、稳定推动数据资产的开发与利用、构建健全的数据资产价值评估体系、建立流畅的数据资产收益分配机制、规范数据资产的销毁与处置流程、加强对数据资产过程的监测、提升数据资产应急管理能力、完善数据资产的信息披露与报告制度，以及严格防范数据资产价值应用中的风险。

特别值得一提的是，对于具有国有属性的公共数据资产，《数据资产管理指导意见》给出了专门的管理指导，旨在为相关主体提供更为明确的政策引导。为了强化实施保障，《数据资产管理指导意见》还提出了加强组织实施、加大政策支持以及积极鼓励试点等具体措施。这些措施共同构成了推动数据资产管理规范化、高效化的重要支撑。

第七节　数据治理：构建数据生态的稳固框架

随着大数据、云计算、人工智能等技术的飞速发展，数据的价值日益凸显，如何通过数据治理有效管理和利用这些数据，将其转化为企业的核心资产，已成为众多企业和组织面临的共同课题。

一、数据时代呼唤有效治理

从数据到数据资源，再到数据资产化和数据资本化(图1-1)，数据治理工作贯穿其中必不可少，是一个价值不断被发掘和提升的过程。这一过程不仅彰显了数据在数字经济时代的核心地位，也预示着未来数据将在推动经济发展和社会进步中发挥更加重要的作用。

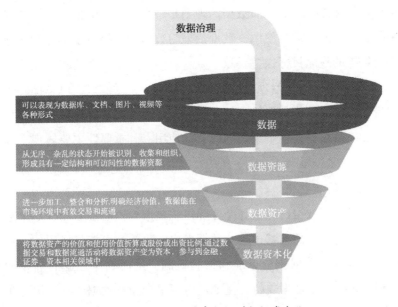

图 1-1 数据治理贯穿数据到数据资本化

(一) 数据治理的定义

GB/T 34960.5—2018《信息技术服务治理第5部分：数据治理规范》中对数据治理的定义是指数据资源及其应用过程中相关管控活动、绩效和风险管理的集合。可以理解为数据治理就是对企业或组织内部的数据进行全面管理和控制的一系列活动和流程，包括数据的收集、存储、管理、使用等方面，以达到组织目标和法律要求。想象一下，你的企业就像一个大型图书馆，而数据就是图书馆中的书籍。数据治理就像是图书馆的管理员，不仅要确保每本书都放在正确的位置，还要确保书籍的质量(即数据质量)、安全性(即数据不被非法访问或篡改)，以及方便读者查找和使用。

需要注意的是，数据治理不等同于我们常提到的数据管理。数据管理是关于

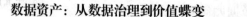

数据的日常运营和维护，它涉及数据的收集、存储、处理、分析和共享等技术性操作，数据管理的目标是确保数据的完整性、可靠性和可用性，以满足组织的业务需求，包括数据库设计、数据备份与恢复、数据质量控制以及数据安全等方面的任务。数据治理则是一个更宽泛的概念，涵盖了数据管理的各个方面，并增加了战略层面的考虑。数据治理关注如何确保数据的质量、安全性和合规性，涉及组织架构、政策制定、数据所有权、数据使用规则以及合规性监控等方面。数据管理更偏重技术和操作层面，而数据治理则是一个更全面的框架，旨在确保数据在组织中得到恰当的管理和使用。数据治理为数据管理提供了指导和规范，确保数据管理与组织的战略目标保持一致。

（二）为什么要做数据治理

数据治理不仅仅关注数据的存储和访问，更重要的是确保数据的质量、安全性和合规性，以及数据在整个组织内的有效使用。其重要性主要体现在以下几个方面。

1. 数据质量的守护者

在数字化时代，数据已经成为企业和组织决策的核心。然而，如果数据不准确、不一致或不完整，那么基于这些数据做出的决策就可能是错误的。通过数据治理，组织可以建立数据质量标准和校验机制，从而确保数据的准确性和完整性，为决策提供可靠的数据支持。例如，电商平台通过数据治理，清除了重复和错误的商品信息，确保用户搜索和浏览时看到的信息都是准确且一致的，从而提高了用户满意度和购物转化率。

2. 数据安全的捍卫者

数据治理通过建立完善的数据安全体系和安全策略，对数据进行分类、分级和加密，防止数据泄露、篡改和滥用。这不仅能保护企业的核心资产，还能避免因数据泄露带来的法律风险和声誉损害。尤其像金融机构数据泄露可能造成严重后果，一些企业采用加密技术对客户信息、资金信息等敏感数据进行处理，降低数据泄露风险。

3. 数据流程的优化者

数据治理通过明确数据标准、存储和访问方式等，优化数据流程和管理。这有助于打破信息孤岛，实现数据的共享和高效利用，从而提升业务流程的效率和响应速度。像一些大型制造企业，数据如果没有得到统一的管理和标准化，那么各环节之间的数据流通就会变得混乱和低效，通过数据治理统一生产、销售和库存等环节的数据标准和接口，能实现各环节数据的无缝对接，大大提高运营效率和响应市场需求的速度。

4. 数据资产价值的挖掘者

数据是一种宝贵的资产，企业利用高级数据分析和机器学习技术，深入挖掘数据资产中的潜在价值和趋势，可以获得更准确的业务洞察，为战略决策和运营优化提供有力支持。

5. 法律法规的遵守者

数据治理是遵守法律法规和行业标准的重要保障，随着数据保护法律的日益严格，如欧盟的 GDPR 等，组织必须确保其数据处理活动符合相关法规要求。通过数据治理，组织可以建立完善的合规机制，确保数据处理活动的合法性和合规性，避免因违规行为而面临的法律风险和财务处罚。

二、数据治理成熟度

数据治理成熟度是衡量一个组织在数据治理方面所达到的水平或阶段的指标，有助于组织了解自身在数据管理、数据安全、数据质量等方面的现状，从而明确自身在数据治理方面的优势和不足。

(一) 常见的数据治理成熟模型

目前国内外并没有一个统一的数据治理成熟度模型，不过，多个由不同机构或组织提出的成熟度模型受到广泛认可，并各自具有一定的权威性和影响力。

1. 数据管理能力成熟度评估模型(DCMM)

DCMM 是我国首个数据管理领域正式发布的国家标准 GB/T 36073—2018《数据管理能力成熟度评估模型》，包含 8 个核心能力域，细分为 28 个能力项和 445 条能力等级标准，提供了一个全面的数据治理能力评估框架，数据治理就是其中的一项能力域，见表 1-1。DCMM 将数据管理能力等级划分为五个等级，依次为初始级、受管理级、稳健级、量化管理级和优化级，见图 1-2。DCMM 鼓励企业进行定期的自我评估，以便及时发现问题并进行改进。通过持续的监测和评估，企业可以确保数据治理工作的有效性和持续性。企业定期进行 DCMM 评估，根

据评估结果调整数据治理策略，不断优化数据管理流程，有助于企业准确地定位自身在数据治理方面的优势和不足。

表 1-1　DCMM8 个核心能力域与 28 个能力项

能力域	能力项	能力域	能力项
数据战略	数据战略规划	数据安全	数据安全策略
	数据战略实施		数据安全管理
	数据战略评估		数据安全审计
数据治理	数据治理组织	数据质量	数据质量需求
	数据制度建设		数据质量检查
	数据治理沟通		数据质量分析
			数据质量提升
数据架构	数据模型	数据标准	业务术语
	数据分布		参考数据和主数据
	数据集成与共享		数据元
	元数据管理		指标数据
数据应用	数据分析	数据生存周期	数据需求
	数据开放共享		数据设计和开发
	数据服务		数据运维
			数据退役

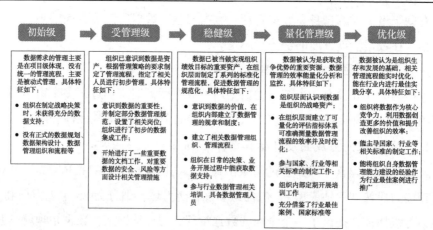

图 1-2　DCMM 五阶等级

2. 软件能力成熟度评估标准（CMMI）

CMMI 是由美国卡耐基梅隆大学软件工程研究所推出的软件能力成熟度评估标准，许多评估标准和成熟度模型都借鉴了 CMMI 的思路，将涉及的能力划分为多个核心领域，核心领域下面再划分多个子领域，每个子领域包含多个评估指标，综合评估结果分为五个等级（图1-3），每个级别都代表了一种过程能力的层次，逐步增加了对过程管理和改进的要求，其中的一些原则和实践也可以被借鉴到数据治理中。

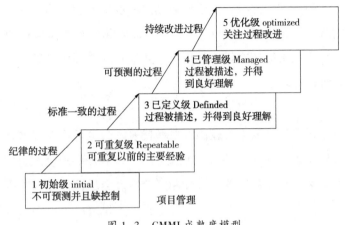

图1-3　CMMI成熟度模型

3. 其他行业或机构特定的数据治理成熟度模型

除了上述两个较为通用的模型外，不同行业或机构也可能根据自身需求提出特定的数据治理成熟度模型。比如，高德纳（Gartner）公司于2008年基于CMMI模型理念，构建了一个六级的企业数据治理成熟度模型EIM。该模型涵盖了无认知型、认知型、被动回应型、主动回应型、已管理型和高效型六个逐步进阶的阶段，由七大核心维度构成，包括愿景、战略、矩阵、治理、组织（人）、过程（生命周期）和基础设施，这些维度共同构成了一个完整的企业数据治理周期。此外，该模型还细分为13个功能领域，并为每个领域提供了规范、规划、建设和运行等四个关键过程的管理和指导，从而为企业实施全面的数据治理提供了详实的参考架构和实践路径。还有IBM集团也搭建了五级模型，分别为初始阶段、基本管理阶段、定义阶段（主动管理）、量化管理阶段、最佳（持续优化）阶段。

目前并没有一个全球统一、跨行业通用的数据治理成熟度模型，这些模型通常更加贴近特定行业的实际情况和需求，企业在选择适合自己的数据治理成熟度模型时，应根据自身实际情况和需求进行选择和定制。

（二）不同行业的数据治理成熟度

不同行业在数据治理方面的成熟度，直接反映了它们对数据资产管理的精细化和专业化程度。随着大数据、云计算、人工智能等技术的飞速发展，数据治理的重要性日益凸显，企业越来越意识到，只有建立完善的数据治理体系，才能有效挖掘数据价值，提升决策效率，从而在激烈的市场竞争中保持领先地位。然而，不同行业由于业务模式、数据特点、法规环境等方面的差异，其对数据治理需求程度也各不相同。一些行业由于对数据的高度依赖和严格的法规要求，对建立相对完善的数据治理体系有迫切需求，比如金融行业、通信行业、能源行业等，而另一些行业则可能还在摸索如何更有效地管理和利用其数据资产，比如传统制造业、零售行业等。

1. 金融行业

金融行业是数据治理需求度较高的典型代表。金融行业在很多地区受到严格的法规监管，如欧盟的数据保护法 GDPR 等，这些法规要求金融机构必须建立完善的数据治理体系，确保数据的合规性和安全性。金融机构深知数据泄露或错误的代价是巨大的，因此，它们在数据治理上投入大量资源，以降低操作风险和信用风险。

2. 通信行业

通信行业也是数据治理需求度较高的行业之一。由于通信数据涉及用户隐私，因此，该行业在数据脱敏、加密传输等方面做得非常出色，以保护用户隐私不受侵犯，在网络安全防护、数据恢复和灾难备份等方面要求有严格的措施。

3. 能源行业

能源行业对数据治理的需求度也相对较高。能源行业拥有大量的设备和基础设施数据，这些数据对于设备的维护和管理至关重要，在数据分类、存储和管理方面有着严格的规范，尤其是在核能、化工等高危领域。加上智能电网、物联网等技术的发展，能源行业开始利用大数据和人工智能技术来优化运营和提高效率，这要求数据必须准确、可靠。目前，许多能源行业单位像中国石油、中国石化等已经高度重视数据管理工作，纷纷认证 DCMM 国家标准体系评级，2023 年11 月中国石化以 4.46 的高分通过 DCMM5 级，成为石化行业首家获评 DCMM 最高等级的单位。

4. 传统制造业

传统制造业往往更加注重产品生产和质量控制，而在信息技术和数据治理方面的投入相对较少，导致它们的数据管理系统可能比较陈旧，无法满足现代数据治理的要求。生产过程中产生的大量数据往往分散在各个部门和环节中，缺乏统一的数据标准和整合机制。再者，部分制造业企业对数据安全的重要性认识不足，容易遭受数据泄露和网络攻击的风险。

5. 零售行业

零售行业涉及大量的消费者数据、销售数据和库存数据等，这些数据来源多样且格式复杂，给数据整合和管理带来困难。另外，零售行业在数据治理方面的技术投入往往有限，导致数据质量不高。

三、治理技术和工具的应用

全国信标委数据工作组、中国电子技术信息化研究院发布的《数据治理工具图谱研究报告(2021 版)》中提供了很好的指导框架，详尽地描绘了数据治理领域的八个核心工具类别(图 1-4)，为我们提供了一个全面而系统的视角。接下来，我们将逐一列举这些数据治理工具的功能、应用场景以及它们如何共同支撑起一个高效的数据治理体系。

治理技术和工具			
数据架构管理工具 • 数据模型设计 • 数据分布地图梳理 • 信息价值链	**数据标准管理工具** • 基础\指标\代码标准 • 申请\审核\发布\变更\废止 • 评估与巡检	**数据质量管理工具** • 业务\技术规则管理 • 评估与报告 • 整改与跟踪	**数据资产管理工具** • 盘点\开发\发布\下架管理 • 查询\申请\授权\跟踪 • 标签管理\服务订阅
元数据管理工具 • 采集\分类\识别 • 血缘\影响\质量分析 • 变更\服务	**主数据管理工具** • 主数据模型设计 • 新增\变更\冻结管理 • 审核\同步\分发管理	**数据安全管理工具** • 敏感数据分级分类 • 脱敏\加密\访问\灾备策略 • 行为监控与审计	**数据生存周期管理工具** • 数据生存周期规划 • 归档\迁移\销毁策略设计 • 退役申请\审批\跟踪\审计

图 1-4 数据治理工具

1. 数据架构管理工具

数据构架管理工具专注于构建和优化数据架构，包括数据模型设计、数据分布地图的梳理以及信息价值链的管理，帮助企业建立清晰的数据视图，确保数据的有效流动和价值最大化。

企业可以利用数据模型设计来定义和维护数据之间的关系和依赖，从而实现数据的一致性和可访问性。数据分布地图的梳理有助于识别数据存储的位置和访问路径，从而优化查询性能。信息价值链的分析则揭示了数据从产生到消费的全过程，为企业制定数据治理策略提供指导。

2. 数据标准管理工具

数据标准管理工具指导制定、管理、审核和发布数据标准，包括基础标准、指标标准和代码标准，还支持标准的变更、废止以及评估和巡检流程。

企业通过数据标准管理工具来统一数据的命名、格式和编码规则，确保数据的一致性和可比性。标准的申请、审核和发布流程确保了新标准的合规和有效。定期的评估和巡检则有助于发现并纠正数据标准执行中的偏差，从而维护数据的质量和准确性。

3. 数据质量管理工具

数据质量管理工具专注于业务和技术规则的管理，支持数据质量的评估、报告、整改与跟踪，帮助企业确保数据的准确、完整和一致。

企业可以通过设定业务和技术规则，检测数据中的错误、异常和不一致。评估报告提供数据质量的量化指标，指导企业采取整改措施。整改与跟踪功能则确保问题得到及时解决并防止复发，从而维护数据的质量和信誉。

4. 数据资产管理工具

数据资产管理工具负责数据的全面资产管理，包括数据的盘点、开发、发布、下架以及查询、申请、授权和跟踪，帮助企业全面了解其数据资产状况，并确保数据的安全访问和使用。

企业进行数据的全面盘点，了解数据的位置、类型、价值等信息。严格的申请、授权流程确保了数据的安全访问和使用。跟踪功能则帮助企业监控数据资产的使用情况和价值变化，从而优化数据管理和利用策略。

5. 元数据管理工具

元数据管理工具负责采集、分类、识别元数据，并进行血缘分析、影响分析和质量分析。这些工具还支持元数据的变更和服务管理，帮助企业更好地理解和管理其数据。

元数据管理是企业理解和管理数据的关键，通过血缘分析，企业可以追踪数据的来源和变化过程，快速定位问题。影响分析则揭示了数据变更对下游系统的影响范围，帮助企业做出更明智的决策。质量分析则确保元数据的准确性和完整性，提高数据的质量和可信度。

6. 主数据管理工具

主数据管理工具负责设计和管理主数据模型，包括主数据的新增、变更、冻结以及审核、同步和分发，帮助企业维护主数据的唯一性和准确性，减少人工错误，并确保其在各部门和系统间一致且有时效。

7. 数据安全管理工具

数据安全管理工具负责对敏感数据进行分级分类，并实施脱敏、加密、访问控制和灾备策略，还监控数据访问行为并进行审计，确保企业数据的安全性和合规性。

数据安全是企业不可忽视的重要方面。数据安全管理工具通过分级分类和脱敏加密技术保护敏感数据的安全，访问控制和行为监控则确保只有授权用户才能访问数据，并记录所有访问行为以便审计，这些措施共同构成了企业数据安全的坚实防线。

8. 数据生存周期管理工具

数据生存周期管理工具负责规划数据的生存周期，并设计归档、迁移和销毁策略，处理退役数据的申请、审批、跟踪和审计流程，确保企业数据在整个生命周期内合规且可追溯。

数据生存周期管理工具帮助企业管理数据的整个生命周期，归档和迁移策略确保数据在不同存储介质间的有效迁移，降低成本并提高访问效率。销毁策略则遵循法律法规和企业政策，安全处理不再需要的数据。退役数据的审批和审计流程则确保处理过程的合规性和可追溯性，维护企业的数据安全和合规性声誉。

四、数据治理的标准

数据治理标准化工作的历史性转变，是在数字化转型的大背景下发生的，随着工业经济向数字经济的迈进，数据成为新的生产要素。为了推动数据治理的规范化、高效化，标准化工作成为了不可或缺的环节。同时，《国家标准化发展纲要》等政策的出台，也为数据治理标准化工作指明了方向，提供了政策支持和推动力。

从国家政策和行业的层面来看，标准化已经被当作数据治理必要一环。标准化工作范围正在扩展。数据治理标准化工作不再局限于传统的数据处理和管理领域，而是向经济社会全域转变，涉及政务服务、国防科技工业、商贸流通、安全生产等多个行业。标准化工作重点正在转移。以往的标准化工作可能更注重技术的规范化和统一性，而在数据治理领域，标准化工作的重点逐渐向确保数据质量、提高数据互操作性、保护个人隐私等方向转移。标准化工作方式不断创新。随着技术的发展和数字化转型的深入，数据治理标准化工作也在不断创新工作方式。例如，利用大数据、人工智能等技术手段，提高标准化工作的效率和准确性；同时，通过跨界合作、共建共享等方式，推动标准化工作的协同发展。

数据治理领域已存在多项重要的标准，这些标准为组织提供了关于如何有效、高效且合规地管理和利用数据的指南。以下是几个典型数据治理标准：

1. GB/T 34960.5—2018《信息技术服务治理 第5部分：数据治理规范》

为数据治理提供了全面的框架，它涵盖了数据从获取到销毁的整个生命周期，包括存储、整合、分析、应用等各个环节。这一标准不仅规定了数据治理的顶层设计和治理环境，还详细阐述了数据治理的各个领域和过程要求。通过遵循这些规范，组织能够确保数据的运营合规性，有效控制风险，并实现数据的价值最大化。

2. GB/T 36073—2018《数据管理能力成熟度评估模型》(即DCMM模型)

为组织提供了一个评估和提升自身数据管理能力的工具。该标准定义了8个数据管理的能力域，并给出了一个成熟度评估模型和等级划分。这不仅帮助组织了解自身在数据管理方面的强项和弱项，还为其提供了改进的路径和手段。通过参考这一模型，企业可以系统地提升数据管理能力，从而更好地应对日益复杂的数据挑战。

3. ISO/IEC 38500：2015《信息技术组织的IT治理》

为组织内的信息技术使用提供了指导原则。这些原则适用于所有类型的组织，无论是当前还是未来的IT使用。通过遵循这些原则，组织能够确保其IT使用是有效、高效且可接受的，从而支持业务目标的实现。

4. ISO/IEC 38505-1：2017《信息技术–IT治理–数据治理 第1部分：ISO/IEC 38500在数据治理中的应用》

ISO/IEC TR 38505-2：2018《信息技术–IT治理–数据治理 第2部分：ISO/IEC 38505-1对数据管理的意义》

则进一步细化了数据治理的实践指南。前者为治理主体提供了原则、定义和模型，以帮助他们评估、指导和监督数据利用过程；后者则确保了数据管理活动与组织的数据治理战略保持一致。这两个标准为组织提供了一套完整的数据治理工具和方法论，使组织能够在日益复杂的数据环境中保持敏捷和竞争力。

企业的层面上数据治理标准化工作中仍然面临着三大挑战。首先是许多企业对标准化的重要性认识不足，往往低估了标准在数据治理中的关键作用，对标准制定和实施所需的资源、时间以及执行力度缺乏足够的预估。这导致标准化管理部门的专业性不足，资源保障和监督管理措施不到位。

其次，标准建立过程中共识的形成难度很大。数据治理和标准化工作涉及企业内多个部门和多种角色，需要各方的深度参与和广泛共识。然而，在实际操作中，由于沟通不畅、利益冲突等原因，往往导致业务部门参与度低、标准制定效率低下以及标准适用性不强等问题。再是历史遗留系统的存在也给数据治理标准化带来了不小的挑战。这些系统按照旧的技术标准和管理习惯运行已久，新的数据标准不仅要考虑文本编制的科学性和合理性，更要兼顾新标准实施后可能对现有业务带来的冲击和影响。如何在确保业务稳定性的前提下进行系统改造或更换，是企业在推进数据治理标准化过程中必须面对和解决的难题。

五、数据安全和隐私保护

在数字化浪潮下，各行各业的数据生产与积累量急剧增长，使得数据安全和隐私保护成为了不容忽视的重大议题。根据中国网安协会 2024 年发布的《网络安全态势研判分析报告（第 10 期）》揭示的情况，工业互联网行业的安全形势尤为严峻。全国范围内，工业企业数量庞大，达到 889 万家。令人担忧的是，有 2.9 万个工业资产平台和 7.3 万个移动端工业 App 暴露在外，这意味着大量生产组件和服务直接或间接地与互联网相连，为攻击者提供了潜在的入侵通道。一旦攻击者通过互联网渗透进系统，获取敏感数据或侵入底层工业控制网络，将对企业的安全生产构成严重威胁。物联网行业的安全状况同样不容乐观，绿盟科技的威胁捕获系统在 2024 年 6 月份记录到了来自 28165 个不同 IP 地址的 5238156 次访问请求，其中 15.47% 的访问带有明显的恶意，旨在利用物联网设备的漏洞进行攻击。而在剩余的 84.53% 的访问中，也发现了诸多可疑行为，如 Linux 命令执行、Webshell 扫描以及 HTTP 代理探测等，这表明物联网相关产业的攻击面广泛且复杂。移动互联网行业同样面临着严峻的挑战，2024 年 6 月份，恒安嘉新的 App

全景态势感知平台监测到了 148380 个新增的移动互联网恶意程序，这些恶意程序中，流氓行为类占比最高，达到 60.57%，其次是诱骗欺诈类，占比 39.18%。虽然系统破坏、信息窃取、资费消耗、远程控制以及恶意传播等类型的恶意程序占比相对较低，但它们的存在依然对用户的设备安全和个人隐私构成了潜在威胁。各行业必须高度重视数据安全和隐私保护，采取有效措施加强防御，以应对日益严峻的网络安全威胁。

数据安全和隐私保护是数据治理领域的核心议题，近年来该领域取得了显著进步。首先是保障数据安全流通的先进技术工具有了创新推动，比如，同态加密技术，数据可在加密状态下进行计算，委托第三方对数据进行处理时也不用担心泄露信息。再比如，零知识证明、群签名、环签名、差分隐私等技术也是保护数据隐私的常见利器。部分行业如金融行业、医疗行业、区块链行业等由于对数据安全和隐私保护要求极为严格，已经成功实施了数据安全方面的治理方案。比如，中金公司作为金融行业的领军企业，其数据脱敏平台建设实践具有代表性。该公司通过引进先进的数据脱敏技术，实现了对敏感数据的自动发现、自动脱敏以及追踪溯源等功能。再比如，美国蓝十字蓝盾保险公司在其医疗保险业务中，融合了多元化的隐私计算技术，如同态加密、安全多方计算（SMPC）以及差分隐私等。为了充分保护用户数据，特别采用同态加密技术对医疗数据进行处理，这意味着保险公司无法直接触及原始数据，而只能在加密后的数据层面进行操作与分析。此外，蓝十字蓝盾保险公司还巧妙地运用了 SMPC 技术，将经过加密处理的数据分布至多个计算节点。这些节点在保障数据安全的前提下进行独立计算，并输出加密后的运算结果。最终，通过高效的密文合并机制，实现对各节点输出结果的整合，从而确保了数据的绝对私密性和整体安全性。

在法律法规方面，对数据的保护也日益受到国家和社会的高度重视。近年来，我国相继出台了《国家安全法》《网络安全法》《数据安全法》《个人信息保护法》等一系列政策法规，为数据安全提供了坚实的法律保障，同时也推动了数据相关管理制度的完善。《国家安全法》明确了维护国家安全的基本原则和任务，其中包括了信息安全的内容，为数据安全治理奠定了基石。《网络安全法》则进一步细化了网络空间安全的管理要求，强调了对个人信息的保护，以及对关键信息基础设施的安全保障。特别是《数据安全法》的出台，更是将数据安全提升到国家战略的高度，明确了数据处理活动的基本原则，规范了数据的收集、存储、使用、加工、传输、提供、公开等行为，为数据安全和隐私保护提供了有力的法律武器。《个人信息保护法》明确了个人信息权益的法律保护地位，规范了个人信息处理活动，为数据安全提供了全面的法律保障。

在这些政策法规的推动下，我国逐步建立起完善的数据交易、分类分级、审查、出境管理等制度。数据交易制度规范了数据市场的行为准则，保障了数据交易的公平性和合法性；数据分类分级制度则根据数据的重要性和敏感性，对数据进行合理的分类和保护；数据审查制度确保了数据的质量和合规性，防止了不良信息的传播；数据出境管理制度则加强了对跨境数据流动的监管，维护了国家的数据主权和安全。

尽管创新性技术工具和相关政策法规的出现为数据安全治理打下了一定基础，但仍然存在着风险和挑战。当前，加密技术仍难以完全保证数据传输和存储的安全，存在被破解的风险，隐私保护技术如差分隐私在实际应用中尚未成熟，难以发挥最大效用；相关法律法规虽已出台，但其执行力度和实际效果仍有待加强，现有法律法规难以完全适应快速发展的互联网技术，存在诸多空白和漏洞，对隐私侵权行为的处罚力度也较轻；如何增加员工和组织的数据安全意识也是需要从主观意识层面去提升的部分。

六、数据治理组织模式

随着"数据二十条"的发布，数据管理组织的重要性愈发凸显。该政策明确提出了要加强组织领导，强化数据基础制度建设，推动数据资源的整合共享和开发利用，为企业指明了数据管理组织的发展方向。

国家和企业层面均已将建立数据管理组织提到了战略性的高度。从国家层面来看，2023年十四届全国人大第一次会议审议通过《国务院机构改革方案》，将数据资源整合共享和开发利用的职责相对集中，组建国家数据局，其职责范围广泛而明确，包括协调推进数据基础制度建设、统筹数据资源整合共享和开发利用、统筹推进数字中国、数字经济、数字社会规划和建设等这标志着数据治理工作在国家层面得到了更高的重视，数据管理组织的构建被视为推动数字经济健康发展、优化数据资源配置的关键环节。

企业层面也在积极构建和完善数据管理组织，以推动数据资产的高效管理和数据治理的落地实施，建立并优化数据管理组织已成为推动企业数字化转型、实

数据资产：从数据治理到价值蝶变

现数据驱动战略落地的核心举措。在企业实践中，业界普遍认可的数据管理组织模式有集中式、联邦式和分散式等模式。

集中式组织结构中，数据管理办公室或数据管理部扮演着核心角色，通常会指定一个人作为数据治理负责人，负责统筹和构建企业数据能力，负责企业数据平台的整体建设，还承担着数据的统一集成和治理工作，是一种自上而下的管理方式。在这种模式下，数据运营人员或业务伙伴会深入到各个业务部门，与业务人员和 IT 人员紧密合作，共同进行数据标准和质量的管控，同时挖掘数据的价值场景。集中式结构对数据的相关性要求较高，而对各业务线的独立性要求较低，因此，它更适合业务线相对单一的中小型企业或数字原生企业。

联邦式组织结构则是一种更为灵活的数据管理方式。企业级的数据管理办公室或部门负责制定全公司的数据管理制度、流程、机制和支撑系统，同时制定战略规划和年度计划，并监控其落实情况。他们还会建立和维护企业级的数据架构，监控数据质量，并披露重大的数据问题。而各业务领域的数据管理团队则在这些企业级框架的指导下，负责本领域的数据能力建设，并与本领域的业务团队和 IT 团队协同工作，进行数据标准和质量的管控以及数据价值场景的挖掘。业务的每个领域都拥有自己的数据和元数据，并且可以自由制定最适合其业务需求的标准、政策和程序。

分散式组织结构是一种更为松散的数据管理方式，其中各个业务部门或业务单元拥有相对独立的数据管理权力和责任。他们可以根据自己的业务需求和特点，灵活地制定和执行数据管理策略和实践。然而，这种结构可能导致数据孤岛、标准不一和质量参差不齐等问题，因此，需要额外的协调和整合机制来确保全公司数据的一致性和有效性。

三种数据治理组织模式对比见表 1-2。

表 1-2　三种数据治理组织模式对比

组织模式	优点	缺点
集中式 数据治理 业务单元 模块　模块　模块　模块 主题 A　主题 B　主题 C　主题 D　主题 E	● 管理集中 ● 资源利用率高 ● 安全性好	● 单点故障风险 ● 扩展性受限 ● 性能瓶颈

组织模式	优点	缺点
联邦式 数据治理 业务单元1　业务单元2　业务单元3 主题A 主题B 主题C　主题A 主题D 主题E　主题B 主题E 主题F	• 多中心自治 • 灵活性高 • 单点故障风险低	• 管理复杂 • 各自治单元一致性挑战 • 决策过程复杂，效率偏低
分散式 数据治理　数据治理　数据治理 业务单元1　业务单元2　业务单元3 主题A 主题B 主题C　主题A 主题D 主题E　主题B 主题E 主题F	• 可扩展性强 • 容错性高 • 单一节点负载压力小	• 管理难度大 • 成本较高 • 数据冗余

这些模式的选择取决于企业的业务管控模式、企业文化以及数据监管影响对企业的价值等因素。例如，大型集团性企业由于业务类型多、业态复杂，更倾向于采用联邦式数据管理组织模式，通过设立集团层面的数据管理负责人和各业务单元的数据管理团队，实现数据的分层分级管理。而一些业务线相对单一的中小型企业，由于资源有限，倾向于更为灵活、分散的管理方式，往往采用集中式或分散式。

从行业实践来看，金融行业随着金融监管的加强和数字化转型的推进，许多银行、保险公司和证券公司都建立了完善的数据治理组织，并配备了专业的数据治理人员；互联网、电子商务、智能制造等行业也在积极探索和应用数据治理组织结构，以提升数据管理的效率和水平。

第二章
数据治理是数据资产化的炼金石

第一节　数据是重要的资产

在当今快速发展的数字化时代，数据资产已经成为企业最宝贵的资源之一。数据资产不仅对企业的运营决策有着至关重要的影响，而且在企业的财务健康和市场竞争力方面扮演着核心角色。

企业要明确数据战略目标，对数据本身的管理、发展做出展望，数据资产管理围绕数据资产内容、数据资产运营，建设企业数据资产管理体系，从根本上解决业务人员关心的有哪些数据、数据在哪里、用哪个数据、怎么用数据的问题，使数据可见、数据可懂、数据可信，让更多的用户能更好地使用数据资产，真正实现企业的数据普惠目标；同时，也可将数据作为重要战略手段，实现更高层次、全局性的业务愿景。

通过新建、梳理、优化新旧数据、数据载体、数据生产者（业务流程、交易行为等）、数据使用者（数据分析团队、业务人员等）、支撑体系之间的关系，建立起企业数据全景；继而通过全局统筹，利用数据达成助力经营业绩，提高经营目标，在行业内获得战略优势。

从企业内部来看，要发挥企业数据势能作用，从数据赋能数字化转型，数据驱动业务、技术和商业模式创新等角度，通过对数据资产的开发、管理和运营等手段，聚集数据能量，实现数据资产的保值和增值；向企业外部延伸来看，要发挥企业数据动能作用，围绕数据生态场景、数据交易模式、创新数据金融产品、隐私保护等领域，通过多元化的数据共享手段，充分唤醒数据潜在的经济价值和社会价值。为此，企业要建立起与对内对外相适应的数据治理机制，提升治理效率和服务业务满意度。

一、数据是新兴生产要素

数字技术、数字经济是世界科技革命和产业变革的先机,深度驱动产业转型升级,数据要素的基础资源和创新引擎作用已成为共识。我国是首个将数据列为生产要素的国家,依据党的十九届四中全会提出的"将数据列为生产要素"与生产要素的定义,数据要素是参与到社会生产经营活动中,为所有者或使用者带来经济效益的数据资源。因此,"数据要素"一词是面向数字经济、在讨论生产力和生产关系的语境中对"数据"的指代,是对数据促进价值生产的强调。

2020 年 4 月中共中央、国务院公布的《关于构建更加完善的要素市场化配置体制机制的意见》中,数据作为一种新型生产要素首次正式出现在官方文件中,成为继土地、劳动力、资本、技术之后的第五种生产要素。这种新型生产要素的出现,不仅重塑了传统经济格局,也为社会发展注入了新的活力。数据,以其独特的属性和价值,正在全球范围内引领一场深刻的变革。

数据要素作为新型生产要素,是数字化、网络化、智能化的基础,已快速融入生产、分配、流通、消费和社会服务管理等各个环节,深刻改变着生产方式、生活方式和社会治理方式,并通过与技术、资本、土地、劳动力等其他生产要素融合,有利于促进新质生产力的形成与发展。数据成为要素以后,其既作为生产资料又作为劳动对象参与到生产和交易,极大丰富了生产资料和劳动对象的类型,形成了以更新质态、更高质量为本质特征的新质生产力。作为新型生产要素,便捷的数据流动、高质量的数据供给,是新质生产力发展的重要动力,为实现生产力发展"量与质"的协调统一提供支持底座。

以传统的农业为例,如果能通过数据要素进行生产要素的创新型组合,则有望形成新质生产力。比如,采用数据资源与人工智能技术开展选种育种,用数字技术支撑的自动化种植、收割、深加工等。再比如,中小企业基于订购订单、设备开工等数据,可以获取订单融资、仓单融资和应收账款融资等供应链金融服务,从而解决融资难、融资贵等问题。

由此可见,数据要素作为新质生产力的核心流动血液,对于提升创新水平与全要素生产率具有重要意义。数据要素结合创新型管理模式与业态发展,将长期赋能于产业发展。同时数据资产的价值空间与数字化应用水平将持续提升,呈现出几何级的数字化增长态势。

（一）数据作为生产要素有哪些属性

1. 独特性在于其非物质性

随着人类社会的不断发展，生产要素也在不断变化。最初的生产要素包括劳动力、土地和资本。随着科技的进步和工业革命的到来，与传统的土地、劳动力、资本等生产要素不同，数据并不是一种物理实体，而是一种信息载体。这种信息载体记录了各种经济活动的痕迹，反映了市场的动态和消费者的需求。因此，数据具有极高的灵活性和可塑性，可以被无限复制、传输和处理，而不会像物质资源那样消耗殆尽。

2. 核心价值在于其所蕴含的信息和知识

数据不仅仅是简单的数字或文字，更是对现实世界复杂关系的抽象和表达。不仅是一种资源，而且是一种能够被收集、存储、分析和应用的信息形式。能够作为独立的维度使得它能够为生产和决策提供更加精确、实时和全面的支持。通过对数据的深入挖掘和分析，我们可以发现隐藏在其中的规律和趋势，从而为企业决策提供科学依据，为创新提供灵感来源。数据的这种信息价值，使得它在当今的知识经济中占据了举足轻重的地位。

3. 独特优势在于其可再生性和可持续性

数据不会像矿产资源那样枯竭，反而随着技术的进步和社会的发展而不断增多。数据的收集、存储和处理成本也在不断降低，使得数据的利用更加广泛和深入。这种可再生性和可持续性，使得数据成为了推动经济社会持续发展的重要力量。

4. 具有极强的渗透性和融合性

数据的引入还促使形成了一种新的生产方式，即数据驱动的生产方式。数据能够与其他生产要素深度融合，提升传统生产要素的效率和价值。在这种方式下，数据成为了决策制定和创新的重要依据，数据挖掘分析成为了生产的关键环节。数据驱动的生产方式能够更加灵活、快速地响应市场变化和需求变化，提高决策效果和创新效果。例如，在制造业中，通过引入数据分析技术，可以实现生产过程的智能化和精细化，提高生产效率和产品质量；在服务业中，通过大数据分析可以精准洞察消费者需求，从而更加准确地预测和满足需求，提升服务质量和客户满意度。数据作为生产要素的出现不仅丰富了生产要素的含义，而且指向了生产的本质。

（二）数据成为生产要素对数据资产具有深远意义

1. 推动数据资产化的进程

数据作为生产要素，意味着它已经成为了经济活动中不可或缺的一部分。这一变化直接加速了数据资产化的步伐。企业开始更加积极地探索将数据转化为可量化、可交易的资产，以便更好地发挥其商业价值。

2. 明确数据的经济价值

将数据视为生产要素，有助于更清晰地界定数据的经济价值。在资产化的过程中，数据被赋予了明确的价格标签，这反映了市场对数据价值的认可，不仅提升了数据的地位，还为企业提供了将数据转化为实际收益的途径。

3. 优化数据资源配置

数据成为生产要素后，市场力量将更有效地配置数据资源。数据资产化使得数据能够在市场上自由流通，从而实现数据的优化配置，这有助于提升数据的利用效率，促进数据的共享和交换。

二、数据要素市场化进程加速推进

数据要素市场化是指将数据作为一种要素资源，通过市场机制进行交易、流通和配置。数据要素市场化配置的关键在于通过市场化的流通手段，让数据向最需要的地方流转聚集，让不同来源的优质数据在新的业务需求和场景中汇聚融合，在跨领域数据融合中产生更大效益，实现双赢、多赢的价值利用。

随着数据要素产业经济的兴起，国家对数据要素的重视程度不断提升。国家在制定相关政策法规、推动数据开放共享和促进数据产业发展等方面采取了积极的措施，鼓励和支持数据要素的收集、整合、管理和应用，为数据要素创造了良好的政策环境和发展条件。国家层面对数据要素市场化的政策导向主要强调在处理数据的合法合规，保护数据不会被非法获取、篡改或滥用，数据的存储、传输和处理过程中采用了安全的技术和加密手段，以保障数据的完整性和机密性，推崇数据的共享和开放，以促进创新和经济发展，倡导建立健全的数据治理机制，通过明确的政策和规范，对数据的收集、存储、使用和共享进行规范管理。

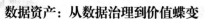

三、数据资产化展现数据经济价值

如果说数据要素是将数据作为一种生产要素资源,那么数据资产化就是将数据视为一种资产来进行管理、运用和估值,将这种潜在的经济价值转化为实际的、可衡量的经济价值的过程。

数据资产化,从深层次来理解,代表了我们对数据价值的一种新认知和利用方式的转变。它意味着数据已经从一种单纯的信息记录,演变为了具有实实在在经济价值的"资产"。

(一)数据资产化是数据价值的显性化

在过去,数据可能被视作企业运营过程中自然产生的"副产品",其价值往往被忽视。但随着数据科技的进步,我们现在能够更有效地提取和利用这些数据,使其为企业带来实质性的经济利益。因此,数据资产化实际上是对数据潜在商业价值的认可和挖掘。

(二)数据资产化助力数据交易的发展

以往企业聚焦数据于内部的互联互通、有效共享,但是未考量过数据在外部流通交易的契机。而现在随着数据资产化工作的逐步开展,企业能够整理挖掘具有经济价值的数据资源,并对相关资源进行合理的估值和定价,促进数据进行公平公开的市场化交易,加快构建数据生态体系,以此带动各行业和各产业的数据开发利用,有效释放数据经济价值。

(三)数据资产化引领了企业决策模式的转变

过去,企业决策可能更多地依赖于经验判断,而现在,基于数据的决策成为了新的趋势,这些被称为"资产"的数据能够为企业带来众多直接或间接的经济效益。数据资产化使得企业能够通过数据分析发现新的市场机会、客户需求以及业务流程中的优化点,从而推动产品和服务的创新,更加科学地制定战略和决策,降低风险,提升效率。

第二节 形成数据资产前一定要开展数据治理

数据作为新时代重要生产要素和战略资源的地位已然确立,数据治理作为激活数据要素价值的基础工程,已成为各行各业抢抓数字化发展先机的焦点和主战场。数据治理是组织中对于数据使用的一整套管理行为。它由企业数据治理部门发起并推行，数据治理旨在制定和实施针对整个企业内部数据的商业应用和技术管理的一系列政策和流程，帮助企业利用先进的数据管理理念和方法，建立和评价自身数据管理能力，持续完善数据管理组织、程序和制度，充分发挥数据在促进企业向信息化、数字化、智能化发展方面的价值。

一、数据治理是实现高质量数据资产的关键基底

数据资产是需要对有价值的数据进行合理估值，实现数据的定价和交易流通，因此，为了确保数据资产的价值体现，需要有高质量、高标准的数据作为支撑依据，杂乱无章、标准不一致的数据无法合理计算其价值能力，需要借助数据治理让数据实现从无序到有序、混乱到规则、低价值到高价值的转变，因此数据治理是数据资产入表前的关键基础。

数据质量问题一直是数据资产管理领域的顽疾。由于数据采集、存储和处理过程中的各种不可控因素，常常导致数据存在错误、缺失、不一致等质量问题。这不仅影响了数据的准确性和完整性，也降低了数据的价值和可信度。

通过数据治理可以采取系列应对策略，企业从组织、程序和制度的角度强化提升数据管理的规范性，构建一套完整、合理的数据治理体系，其中包括数据采集、存储、标准、分布、集成、共享等环节。数据治理通过制定统一的数据标准和规范，确保数据的准确性和可比性。

一是加强数据采集与清洗，在数据采集阶段，应制定严格的数据采集规范，确保源数据的准确性。通过数据清洗技术，如数据去重、填补缺失值、纠正错误等，对数据进行预处理，提高数据质量。通过规范数据采集、存储、处理等流程，建立数据清洗、去重、校验等多种机制，以提高数据的准确性、完整性、一致性。

二是建立数据质量监控体系，定期对数据质量进行评估和监控，及时发现并解决数据质量问题。此外，还可以引入第三方数据质量评估机构，对数据进行客观、公正的评估。通过建立整合的标准和流程，对不同来源的数据进行整合和匹配，提高数据的完整性和一致性。以此保证数据资源的整体质量。

二、数据治理是构筑数据资产安全合规的重要举措

随着数据资产在经济中的作用日益增强，数据安全的重要性也将持续增长，

成为数据资产市场交易的核心要素，它不仅保护了数据资产本身的价值，还促进了市场的健康发展，增强了交易双方的信任，并确保了交易的合法性和合规性。数据资产安全涵盖了对组织机构和个人数据的保护，确保数据在生命周期内的保密性和可用性，具体表现在保护隐私和机密信息、数据共享、业务连续性、防范网络威胁、维护客户信任关系、满足合规合法要求（国内外法律法规，如欧盟的GDPR 和中国的《个人信息保护法》），避免商业损失和法律纠纷。

随着大数据时代的到来，数据安全和隐私保护成为数据资产管理中不可忽视的问题。数据泄露、滥用和不当使用等问题频发，给个人隐私和企业利益带来严重威胁。例如，社交媒体平台上的用户数据泄露事件，不仅损害了用户权益，也对平台的声誉造成了严重影响。

通过数据治理可以采取系列应对策略，企业通过数据治理能够建立一个全面的数据安全框架，这个框架不仅包括技术措施，还包括政策、流程、人员和文化的各个方面。这种综合性的方法确保了数据安全不仅仅是技术问题，而是整个组织共同承担的责任。

一是从组织层面定义了数据管理的责任和角色，确保企业内各部门、团队了解他们在维护数据安全方面的职责。

二是从管理制度层面设定风险评估和管理流程，帮助组织识别潜在的数据安全威胁。

三是从数据梳理层面，对所有数据进行分级分类工作，建立数据资产分类分级授权使用规范，以确保数据全生命周期的安全性和合规性。根据数据的敏感性、重要性和使用场景将数据分为不同的级别和类别，设定不同的访问控制、加密、监管以及共享制度，从而有效地保护数据免受未授权访问、泄露或损坏的风险。数据治理不仅帮助组织遵守相关的法律法规，如《数据安全法》、《个人信息保护法》，避免法律风险和潜在的违规惩罚，也有效保障在数据资产共享交易过程中的安全合规，防止未经授权的访问和数据泄露，确保数据资产保持其市场价值。

四是采用先进的加密技术和安全协议，在数据存储和传输过程中，采用先进的加密技术和安全协议，确保数据不被非法获取或篡改。例如，使用SSL/TLS 加密通信协议，保护数据在传输过程中的安全。

五是建立数据安全管理体系，企业应建立完善的数据安全管理体系，包括数据访问控制、数据备份恢复、安全审计等方面。通过定期的安全培训和演练，提高员工的安全意识和技能水平。

三、数据治理是制定数据资产标准规范的核心步骤

财政部于 2023 年 12 月印发的《关于加强数据资产管理的指导意见》把完善数据标准作为主要任务之一，强调"推动技术、安全、质量、分类、价值评估、管理运营等数据资产相关标准建设"。在中国信息通信研究院发布的《数据标准管理实践白皮书》中，明确数据标准是保障数据的内外部使用和交换的一致性和准确性的规范性约束。

数据标准管理作为数据治理重点工作任务之一，是规范数据标准的制定和实施的一系列活动，是数据资产管理的核心活动之一，帮助企业提升数据质量、明晰数据构成、避免数据孤岛、促进数据流通、释放数据价值。在数字化过程中，数据是业务活动在信息系统中的真实反映。由于业务对象在信息系统中以数据的形式存在，数据标准相关管理活动均需以业务为基础，并以标准的形式规范业务对象在各信息系统中的统一定义和应用，以提升企业在业务协同、监管合规、数据共享开放、数据分析应用等各方面的能力。

数据标准从多个方面支撑企业数据资产的构建和管理工作。在业务方面，数据标准能够明确很多业务含义，使得业务部门之间、业务和技术之间、统计指标之间统一认识与口径。在技术方面，数据标准能够帮助构建规范的物理数据模型，实现数据在跨系统间敏捷交互，减少数据清洗的工作量，便于数据融合分析。数据标准是数据资产管理多个活动职能的核心要素，主要体现在数据质量管理、主数据管理、元数据管理、数据模型管理和数据安全管理等多个方面。

通过数据治理可以采取如下应对策略：

一是制定统一的数据标准和规范，通过制定统一的数据标准和规范，消除数据之间的隔阂，实现数据的互通互联。这需要行业内外的共同努力和合作，共同推动数据标准的制定和实施。

二是采用数据集成工具和技术，利用数据集成工具和技术，如 ETL（Extract-Transform-Load）工具，将分散在不同系统和平台中的数据进行抽取、转换和加载，实现数据的集中管理和共享。

三是建立数据共享交换平台，由政府或行业协会主导，建立数据共享交换平

台，促进各部门、各企业之间的数据共享和交换。通过平台化的运作方式，促进数据价值的聚合效应。

第三节　数据资产入表需要数据治理

2024年1月1日，《企业数据资源相关会计处理暂行规定》正式施行。数据资产入表是指将数据确认为企业资产负债表中"资产"一项，在财务报表中体现其真实价值与业务贡献。在传统的财务报表体系下，由于数据资产的价值难以体现，企业往往缺乏动力去共享和流通数据。数据作为数字经济的关键生产要素，已成为极其重要的新型资产之一，而数据资产"入表"正是对其作为资产发挥价值的合法确认。企业可以通过财务报表展示自身数据资产的价值，从而吸引更多的合作伙伴和投资者，这将有助于打破数据孤岛现象，促进数据的共享和流通，推动数字经济的发展。

但并不是所有企业产生的数据都可以作为资产入表，数据治理不仅是提升数据质量构成数据资产的关键步骤，也是保障数据资产入表安全合规、估值合理的重要过程。其对于数据资产入表的重要意义主要分为以下四点。

一、高质量的数据才能成为资产入表

数据作为新型生产要素，不仅在同一主体中通过融入生产经营中发挥起协同优化的功能，而且还通过在不同主体、不同领域、不同行业之间的流通，发挥其复用增效、聚合增值和融合创新的乘数效应，放大其价值功能。数据资产化是建立在高质量、高标准的数据资源化基础之上，通过将数据资源转变为数据资产，使数据资源的潜在价值得以充分释放。

企业通过数据治理进行数据采集、整理、聚合、分析等工作，对企业的数据进行全面的清点和分类，识别哪些数据是有价值的活跃数据，哪些是冗余、过时或不再需要的"死数据"，通过这一过程，企业可以明确哪些数据需要保留，哪些可以删除或归档。另一方面，通过数据治理建立统一的数据标准，确保数据的一致性和可访问性。标准化后的数据更容易管理和维护，减少了因数据格式不一致导致的"死数据"，最终形成可采、可见、标准、互通、可信的高质量数据资源。在企业内部形成共同的"数据语言"，各部门为了统一的分析目的，形成各自对应的统计标准，在运营过程中实时对数据进行收集汇总分析，挖掘可以真正对业务分析提供支撑的数据资源，将此类资源转化为资产进行合理化估值并进行入表工作。

二、合法合规的数据才能成为资产入表

在《企业数据资源相关会计处理暂行》规定正式实施后，"数据资源是否入表"不再是部分企业内部管理视角的选择题，而是所有企业财务合规视角的必答题。数据资产入表必须遵守国家相关法律法规和企业会计准则。企业应根据数据资源的持有目的、形成方式、业务模式，以及与数据资源有关的经济利益的预期消耗方式等，对数据资源相关交易和事项进行会计确认、计量和报告。企业应当通过数据治理建立健全符合其自身特点的数据合规及产权管理制度，确保数据来源合规、隐私保护到位、流通和交易规范、分级授权合理，理顺数据资源产权关系，为实现数据资源会计入表扫清前置法律障碍；应根据数据资源的持有目的、形成方式、业务模式等判断适用无形资产还是存货准则。

数据治理工作不仅是关注建设管理制度方面，同样注重构建企业数据合规性管理和工具，培训企业员工能够正确地执行合规性管理政策要求和流程，帮助企业在数据资产入表前有效识别和管理数据的相关风险，不合规的数据在入表后对外披露可能会导致法律风险、运营风险和财务风险，导致企业面临监管处罚、诉讼风险和财务损失，影响企业的稳定性和长期发展。当企业能够展示其数据的合法合规性时，可以增强投资者、合作伙伴和消费者的信任，信任度的提升有助于建立更稳固的商业关系和品牌形象，同时也有助于数据资产的交易流通，提升数据资产价值，在入表后提升企业整体资产估值。

三、安全可靠的数据才能成为资产入表

在当今的数据驱动经济中，数据已经成为企业的重要资产之一，其安全性和可靠性对于数据的入表至关重要。确保数据免受未经授权的访问、篡改或泄露，对于企业而言，不仅是一种法律义务，更是维护企业声誉和竞争力的关键。安全可靠的数据入表可以带来全方位的好处。一方面，它可以增强企业的决策能力。当数据得到有效保护并且来源可靠时，企业可以依赖这些数据进行精准的市场分析、风险预测和投资决策。这不仅提高了决策的效率，还减少了决策过程中的不

确定性和风险。另一方面，数据的安全性也是建立客户信任的基础。客户对企业的信任度往往与他们对企业数据保护能力的信心成正比。当客户知道他们的数据被安全地处理和保管时，他们更愿意与企业建立长期的合作关系。

如果企业未能保护数据的相关安全，会导致一系列风险。首当其冲得便是数据泄露可能导致经济损失。泄露的敏感信息可能被竞争对手利用，或者导致客户流失，从而直接影响企业的财务状况。其次，数据泄露可能违反数据保护法规，导致企业面临法律诉讼和巨额罚款。这不仅损害企业的财务状况，还可能损害企业的长期声誉。

因此，为了确保数据资产能够安全可靠地入表，企业需要通过数据治理建立强大的数据安全管理制度，对数据进行分类分级管理。当数据资产涉及数据分类分级时，应对每类数据进行溯源并识别其来源于更多原始数据的聚合、转换、流通等方式。当数据资产涉及保密性要求时，应基于该类数据可能遭受破坏会造成的影响程度，结合其数据类型、数据内容、数据时效性、数据规模、数据来源、数据业务属性等因素，将该类数据划分为高密级、中密级、低密级和公开级。当数据资产涉及相关数据类型为个人信息时，应根据其对数据主体权利的影响程度，细分为个人信息或敏感个人信息。当企业所处行业已发布了行业个人信息分类规则，以金融业务为例，银保监会已发布《金融行业个人信息分类规则》，则应根据规则要求，将个人金融信息类型细分为个人身份信息、个人财产信息、个人账户信息等。

四、合理估值的数据才能成为资产入表

数据资产的合理评估能够规范企业数据资源相关会计处理，需构建完善的数据资源成本核算制度，合理确定数据资源运营模式以及依法合规完成信息披露。当评估结果对企业财务报表具有重要影响时，企业应当披露评估依据的信息来源，评估结论成立的假设前提和限制条件，评估方法的选择，各重要参数的来源、分析、比较与测算过程等信息。在中国资产评估协会于 2023 年 9 月印发的《数据资产评估指导意见》中对数据资产进行了界定，给出了收益法、成本法和市场法三种主要的数据资产评估方法。通常来说，采取收益法、成本法或者市场法取决于不同的数据要素配置目的以及企业的商业模式考虑。收益法主要通过预测数据资产未来能够产生的收益来评估其价值，一般适用于能够直接产生经济利

益的数据资产，如数据服务本身即为产品或服务的领域；成本法主要通过测算数据获取、加工和维护等成本来评估数据的价值，一般适用于不宜进行市场交易的数据；市场法主要通过数据的现行市场价格，比较被评估数据与参照资产之间的差异并予以量化，从而确定数据资产价值，一般适用于交易性强的数据。

无论使用何种测算方法，企业一定需要明确资产估值对于数据的质量和分类要求。数据治理通过明确数据资产的定义和分类，帮助企业识别和梳理出具有潜在价值的数据资源。在这一过程中，企业能够清晰地了解哪些数据可以被视为资产，哪些数据的价值尚未被充分挖掘。这种认知对于后续的数据估值和入表工作至关重要，它确保了企业能够基于准确的数据基础进行决策。其次，数据治理确保了数据的准确性和一致性。通过对数据的清洗、去重和标准化，企业能够减少错误和冗余，提高数据的整体质量。这种高质量的数据是企业进行数据估值的基础，只有精准有效的数据才能反映出数据资产的真实价值。同时，企业在数据治理过程中的数据整合和关联分析，进一步提升了数据的价值，为数据资产入表提供了有力支撑。

在数据资产估值中还需强调的一点是对于企业数据治理所需的成本。其治理总额往往取决于企业的规模、数据量、业务复杂度以及治理目标。这一成本包括人力资源的薪资和培训费用、技术基础设施的投资、数据清洗和维护的日常开销、合规性评估和审计费用、数据安全防护的投入，以及存储和维护数据中心的成本。对于一家中大型企业，初步建立数据治理体系可能需要一次性投入数百万甚至上千万元，而在运营过程中，每年维持和优化数据治理也许不断投入数以百万元计的成本。部分企业在考量数据资产成本的时候，可能更多的是关注在数据采集、数据加工和维护等方面的费用，但对于企业在开展数据治理工作，建立数据治理管理体系、管理办法、管理工具等方面同样耗费了巨量的人力物力，这些费用对于数据资产估值将会产生重大影响。

第三章
数据资产是数字经济发展的引擎

数字经济，作为新时代的强劲引擎，正以前所未有的创新活力、高效生产力和精准资源配置能力，重塑社会结构与经济版图。根据国务院新闻办公室和中国信息通信研究院发布的数据，2022 年我国数字经济规模达到 50.2 万亿元人民币，占 GDP 的比重为 41.5%。2023 年我国数字经济规模进一步增长至 53.9 万亿元，占 GDP 比重达到 42.8%，数字经济增长对 GDP 增长的贡献率达 66.45%。数字经济已经成为拉动经济增长的关键马车和推动经济高质量发展的重要引擎。

在经济社会数字化转型的浩瀚征途中，数据资产作为经济社会数字化转型进程中的新兴资产类型，正日益成为推动数字中国建设和加快数字经济发展的重要战略资源，是推动经济增长、激发创新活力、提升竞争力的核心动力。

在此背景下，深刻理解并有效运用数据资产，不仅是企业转型升级的必由之路，更是国家实现高质量发展、抢占全球数字经济制高点的战略选择。

第一节　数据资产促进形成新质生产力

新质生产力不仅仅是生产要素的简单堆砌，而是技术创新、资源配置优化与产业转型共同编织的壮丽图景。其核心在于追求一种高效、智能、可持续的生产力形态，不再仅仅依赖于劳动力数量的堆砌、机械设备的简单升级或原材料的粗放投入，而是将目光投向了更深层次——即生产要素的质变与创新性配置。

在这一过程中，数据，这一数字时代的新型"石油"，成为了推动变革的关键力量。要想让数据真正成为推动新质生产力发展的强大动力，就必须加快数据资产化的进程，要将数据视为一种宝贵的资源，通过技术手段和管理机制将其转化为可量化评估、可自由流通、能持续增值的资产形态。只有这样，数据才能在新质生产力的构建中发挥出最大的价值。

在数据资产时代的大潮中，数据已超越了简单的信息记录功能，它是一种珍贵的资源，对社会产生了深刻影响。这种新型资产，正默默推动着经济的增长和产业的升级，重新塑造着我们的经济模式。

数据资产的高效管理和应用，不仅让公共服务效率和质量得到了质的飞跃，更让社会治理的精确度再上新高度，促进整个社会的资源配置优化和产业升级。在大数据分析和人工智能的助力下，政府和组织能更精准地把握社会需求，预见未来动向，让我们的生活更加智能化、自动化。

数据资产化还有助于提升企业的核心竞争力，在数据的引领下，企业可以更加精准地把握市场需求、优化生产流程、创新商业模式，从而推动经济的高质量发展。

新质生产力的形成与发展，是时代进步的必然产物。而数据资产作为这一过程中的核心要素，正以其独特的魅力和无限的潜力引领着我们走向更加智能、绿色、可持续的未来。新质生产力的构建是一场深刻的生产关系与生产方式的变革，而数据资产化则是这场变革中的重要驱动力。

因此，我们必须以更加开放的心态、更加前瞻的视野，去拥抱数据资产化的时代浪潮。不仅要加强技术创新，提升数据处理与分析的能力，更要建立健全的数据治理体系，保障数据的安全与隐私，让数据在合法合规的轨道上自由流淌，为生产力的飞跃贡献最大的力量。

一、从"土地财政"走向"数据财政"

说到"土地财政"，它的根源可追溯到 1994 年的分税制变革。那时，地方政府税收减少，财政压力加重，为了填补这一缺口，地方政府开始依赖土地出让金。从 2007 到 2021 年，我国土地出让收入飞速上升，对土地资源的依赖日益加深，形成了独特的"土地财政"现象。

但随着城市化的加速和土地资源的日渐稀缺，"土地财政"逐渐暴露出其局限性。土地有限，其可持续性受到质疑，过度依赖还可能导致资源过度消耗和房价飙升，进一步加剧社会不公与金融风险。更为关键的是，近年来土地出让金收入大幅下滑，其经济增长的支撑力已大不如前，2023 年国有土地使用权出让收入 57996 亿元，较 2021 年的 87051 亿元大幅下滑。

而与此同时，数据要素市场化改革步伐加快，数据资产领域显示出强大的活

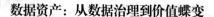

力。各地区各部门积极开展公共数据授权运营、数据资源登记、企业数据资产入表等探索实践，加快推动数据要素价值化过程，数据交易机构加速建设。2014—2024年十年间，国内相继成立数据交易所超过80家。

报告显示，我国数据总量和数字经济规模均位居世界前列，数据交易的潜力和频次都在不断提升。随着数据基础制度的日益完善，数据交易市场有望迎来巨大的增长空间。

在这一大背景下，"数据财政"的概念逐渐浮出水面。复旦大学朱扬勇教授敏锐地捕捉到了这一趋势，提出在"土地财政"面临困境的今天，我们应激活政府手中的数据资源，构建"数据财政"。随着国家政策的逐步明确，"数据财政"的实施已得到了坚实的政策后盾。从确立数据的生产要素地位，到明确其在市场化配置中的角色，再到数据确权授权制度的建立，以及企业数据资源的相关会计处理规范，"数据财政"的理论与制度框架将越来越完善。

"数据财政"的崛起，不仅因其资源的可再生性而具有更强的生命力，更能为数据经济的发展提供有力支撑，推动数字经济的创新与变革。同时，它还将助力经济结构的优化，引导资源流向更高附加值、更高技术的产业领域，从而提升我国经济的整体竞争力。

"数据财政"的落地，主要有以下几条清晰的路径：

首先，是公共数据宝库的挖掘与利用。政府手中握有海量的公共数据，为顺应经济社会数字化转型趋势，充分释放数据价值红利，各地政府纷纷构建统一规范、互联互通、安全可控的公共数据开放平台，分类分级开放公共数据，如上海公共数据开放平台开放了51个部门、132个机构的5528个数据集、84个数据应用，北京公共数据开放平台按经济、信用、交通、医疗健康等20个主题开放了71.86亿条数据量。得益于区块链、安全及隐私计算等科技的进步，政府能更安全地开放这些资源，为社会创造更多价值。

其次，数据交易的税收也成为政府新的财政来源。除了公共数据外，私域数据如企业云数据、边缘数据和终端数据等也蕴含着巨大价值。如上海数据交易所自2021年成立以来，数据交易额不断攀升，单月数据交易额已超1亿元，2023年全年数据交易额突破10亿元，累计挂牌数据产品数量超2000个，日益活跃的市场交易生态正在逐步形成。政府可以通过提供数字身份认证，或对数据交易征收印花税，来充实财政。

再有，有偿的数据服务与产品交易为政府开辟了另一条财路。政府不仅可以出售自身拥有的数据，还可以为私域或跨境数据交易提供认证服务，这同样是增收的重要途径。

此外，数据市场的深耕与产业的扶持也不容忽视。政府需积极引进与培育优质数据服务商，丰富数据商品种类，进而扩大市场规模，实现资源的最优配置。同时，利用大数据洞察产业发展动向，为特定产业提供政策助力与资源，也是政府的分内之事。

数据资产的证券化，是"数据财政"探索的前沿领域。将数据转化为可交易的金融产品，能够吸引更多资本投入数据的开发与利用，推动数据的合理定价。

最后，投资于数据教育与培训，是为"数据财政"注入长久活力的关键。这不仅关乎公众数据素养的提升，更是为数据领域持续输送人才的重要保障。

综上所述，"数据财政"为政府带来了新的财政增长点，减轻了传统财政压力，更为数字经济的蓬勃发展注入了新动力。通过构建完善的数据流通、交易与资本化体系，"数据财政"正引领着经济增长方式的革新，为财政金融的稳定与发展贡献力量。

二、社会治理实现从"传统治理"到"精准治理"的新跃迁

以社会治理现代化需求为导向，高质量的数据资产在公共服务领域正逐渐释放出惊人的潜能。公共数据平台提升了公共数据对社会治理与行业服务赋能作用，形成"用数据对话、用数据决策、用数据服务、用数据创新"的现代化治理模式，落地"反欺诈准入""医保核查""群租房识别""实体店铺选址"等多种应用场景。

（一）公共服务的蜕变与升华

数据的巧妙运用，让公共服务焕发出前所未有的便捷与高效。以电子政务为例，它如同一位 24 小时在线的政府服务员，随时为民众提供在线咨询、办理等一站式服务，让政府服务的面貌焕然一新。而政府手中所掌握的庞大数据资源，更是涵盖了生活的方方面面，从教育、卫生到交通、金融，无所不包。

在政策的推动下，各地政府纷纷打破部门间的数据壁垒，实现数据的统一管理与政府业务流程的再造。这不仅让数据在各部门之间自由流动，更为民众带来了实实在在的便利。"一网通办"的便民服务平台，让数据代替民众跑腿，实现

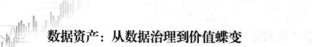

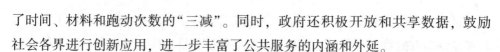

了时间、材料和跑动次数的"三减"。同时，政府还积极开放和共享数据，鼓励社会各界进行创新应用，进一步丰富了公共服务的内涵和外延。

（二）精准治理的跨越与发展

在互联网和大数据的浪潮中，社会治理正迎来前所未有的变革。过去，我们或许只能对少量、孤立的数据进行把握，而如今，海量、关联的数据已呈现在我们眼前。这使得决策者能够更深入地了解实际情况，与民众建立更紧密的沟通，从而提升决策的科学性和精准性。

以北京市为例，政府部门通过整合多方数据，进行深入的数据穿透和分析，为决策者提供了第一手的城市运营报告。这不仅帮助决策者迅速把握城市脉搏，更为未来的政策规划提供了有力的数据支撑。同时，经过整合、脱敏和过滤的数据，还为研究机构提供了宝贵的分析素材，推动了社会治理决策的科学化和精准化进程。

（三）风险管理能力的蜕变与提升

先进的技术手段和高质量的数据相结合，为社会治理中的风险管理注入了新的活力。实时监测和分析数据，让我们能够在第一时间发现潜在的风险和问题，从而采取相应的预防和应对措施。在交通管理、环境保护、食品安全等领域，数据分析已成为风险预警和应急响应的得力助手。

此外，面对监管资源紧张的现实挑战，政府借助信息化和大数据手段，制定了更为精准的信用评价指标。通过跨部门的信息汇集和信用评价，政府能够为企业绘制出更为精准的信用画像。这种分级分类的监管方式不仅提高了监管的针对性，还实现了对诚信企业的无干扰和对失信企业的严厉打击，既为企业松了绑，又提升了政府的监管效率和执法效能。

综上所述，从"公共服务"到"精准治理"的转变不仅是社会治理发展的必然趋势，更是满足公民个性化需求、提高治理针对性和有效性的关键所在。这一转变将推动社会向更加和谐稳定的方向发展迈进。

三、促进产业转型升级：从"产品驱动"到"用户驱动"

在当下的商业环境中，数据已然超越了其作为运营附属品的角色，摇身一变成为了业务增长的重要引擎。借助精细化的数据分析，企业能够更深入地洞察市场需求，更精准地预判消费者动向，从而为消费者量身打造符合其需求的产品与服务。这一转变，标志着商业模式正在从"产品中心"向"客户中心"迁移，这也是数字经济时代下商业变革的显著特点。

在数据的引领下，数字经济与实体经济的各个层面都在经历深度的整合，进而对产业链进行全新的塑造。试想在制造业的生产线上，数据被即时捕获、加工、解析，并与生产流程无缝对接。这种智能化的生产方式，不仅显著提升了效率，更让生产更具灵活性，从而更好地响应消费者的独特需求。

以流通环节为例，数据的运用使得物流、供应链以及客户服务得到了前所未有的改进。现代流通体系如同一位高效的协调员，将供需两端、产业链的上下游以及产供销各环节紧密地连接在一起。特别是近年来，数字技术与物流的深度融合，通过先进的感知技术实时捕捉数据，使得我们能够全面、实时地掌握整个流通环节的状态。

在消费层面，数字经济的优势同样凸显。利用数据分析，我们能够更加精确地洞察消费者的行为模式，从而制定出更为精准的营销策略，进一步推动消费升级与产业升级。而在资源配置方面，数据流的有效运用促进了技术流、资金流、人才流以及物质流的高效集聚与整合，实现了资源配置的优化。

第二节　企业如何把握数据资产化的战略机遇

在数据资产化时代，企业需从传统的经验驱动向数据驱动转变，利用大数据、人工智能、云计算等前沿技术，深入挖掘市场趋势，精准把握消费者需求，从而制定出更加科学、高效的决策方案。

同时，围绕数据的收集、分析、应用与保护，企业出现新兴岗位，如数据科学家、数据分析师等，他们不仅能够帮助企业优化产品与服务，还能在市场营销、客户体验、运营效率等多个维度实现创新突破，推动企业实现数据资产的最大化价值

同时，融资方式也迎来了新的变革。除了传统的银行贷款、股权融资外，企业还可以利用数据资产进行融资，如数据资产证券化、基于数据表现的信用贷款等，为企业的快速发展提供更为灵活多样的资金支持。

综上所述，数据资产时代不仅要求企业在技术、人才、管理等方面做出相应调整，还促使企业在融资方式、市场拓展等方面探索新的路径。

一、用数据说话，引领企业升级

数据资产在企业内部使用时通常用于维护和支持企业日常经营活动，通过数据资产价值开发支持企业经营活动实现降本增效的效果。通过对采购、销售、库存、财务、生产等数据的深度挖掘，复杂查询变得轻而易举，决策成本大幅下降。客户标签与画像技术，更是让企业能够洞悉消费者内心、监测经营脉搏、分析竞争对手动向，从而在资源有限的条件下，找到生产经营的最优策略，实现精准营销和数据风控。

数据资产的深度分析使企业战略规划更加科学与精准，通过预测市场趋势、识别新机遇及挑战，企业能够提前布局，抢占市场先机，确保长期发展目标与短期行动方案的有效协同。

数据还是创新灵感的摇篮。数据不仅是过去行为的记录，更是创新的源泉。通过分析数据发现新的业务模式、产品特性或服务方式，企业能够持续创新，开辟新的增长点，保持市场的领先地位。

在环境、社会、公司治理（ESG）日益受重视的当下，数据资产更是成为企业履行社会责任、展现环保决心的得力助手。通过数据，企业能更好地监控自身对环境的影响，进而优化运营，赢得公众信任。

总的来说，数据资产时代呼唤企业以全新的视角审视并挖掘数据的深层价值。借助尖端技术和健全的数据治理体系，充分释放数据资产的巨大能量，引领企业走向更加辉煌的未来。

二、数据产业崛起带来的新兴岗位

在数据资产化日益加速的今天，围绕数据的采集、处理、分析、应用及保护，也给企业带来了诸如数据工程师、数据科学家、数据分析师等全新岗位角色。这些岗位，对从业者的要求可不仅仅是技能和知识那么简单。在这个日新月异的时代，持续学习的能力和创新精神显得尤为重要。

以下是几个关键领域的详细解析及其潜在的职业发展路径。

（一）技术与分析核心角色

数据工程师：负责设计、构建和维护复杂的数据库系统和数据处理管道，确保数据的质量与可用性。他们精通数据库管理、ETL（提取、转换、加载）流程以及大数据技术栈(如 Hadoop、Spark)。随着经验积累和技术洞察力的提升,数据工程师可以发展成为大数据架构师,负责整个组织的数据架构规划与优化,甚至晋升为技术总监,指导企业技术战略方向。

数据科学家:运用统计学、机器学习和编程技术从海量数据中挖掘有价值的信息和洞察。他们不仅需要强大的数理统计基础,还要具备良好的编程能力和对业务的理解。随着专业领域的深入,数据科学家可能专注于特定的 AI 领域,如自然语言处理或计算机视觉,最终成为 AI 研究员,或走向管理岗位,担任数据科学总监,领导团队解决企业面临的最复杂数据分析挑战。

数据分析师:专注于数据解释与业务洞察的提炼,通过数据讲述故事,为决策提供依据。随着对业务逻辑和市场趋势的深刻理解,数据分析师可以晋升为商业智能总监,负责构建和优化 BI 系统,直接参与企业策略规划,确保数据在企业运营和市场策略中的核心地位。

(二)产品与管理桥梁

数据产品经理:结合技术知识与市场洞察能力,设计满足市场需求的数据产品。其职业路径可导向首席产品官的角色,负责全局产品线的战略布局,推动跨部门合作,将数据产品转化为企业增长的核心驱动力。

数据治理专家与数据安全官:前者专注于建立和执行数据管理政策,确保数据质量与合规性;后者则负责数据安全策略与防护措施的实施。两者均可向更高管理层级发展,成为首席数据官或首席信息安全官,承担起整个企业数据资产的高效运作、合规管理和安全保障,为企业构建坚实的数据信任体系。

(三)道德与法规守护者

数据伦理顾问与隐私保护专家:在数据收集、处理和分析过程中,确保操作符合道德规范与法律法规,如 GDPR 等。随着数据伦理和隐私保护领域的不断成熟,这些专家可发展成为行业标准的制定者,或在大型企业、咨询机构中担任高级合规顾问,指导企业如何平衡技术创新与社会责任,维护企业形象与用户隐私权。

(四)职业成长与转型机遇

在这个快速发展的领域,持续学习是通往成功的必经之路。无论处于职业生涯的哪个阶段,掌握新兴技术如云计算、人工智能、区块链等,并将其与数据分析技能融合,都是提升个人竞争力的关键。对于管理层而言,拥抱数据文化,掌

据数据驱动决策的能力，对于引导企业成功转型至数字化运营模式至关重要。无论是刚踏入职场的新人，还是寻求职业突破的资深从业者，数据领域的广泛性和深度为每个人提供了无限的成长潜力和转型机会。

三、数据资本化创造新价值增长极

说到数字资产，我们不得不提的是那些蕴含着商业价值、带着金融色彩的数据资本。这里的"金融色彩"，意味着它们不仅承载着增值、保值的期待，更能作为融资的桥梁。你可以想象，这些数据资产仿佛成为了一种信用的背书，金融机构可以凭借它们来提供贷款，将数据的隐形财富转化为实实在在的货币。而对于企业来说，这些数据资产就好比是投资的"原始股"，与现金、实物、土地等有形资产并肩作战，共同推动着企业的运营车轮向前滚动。

数据资产资本化方式通常以银行质押贷款融资为主，辅以数据资产保险、数据信托、数据证券化产品、数据资产作价入股等多元资本化方式。

先说说数据资产质押融资。如今，优质的数据也能像房产、汽车一样，作为有价值的抵押品，帮助企业从银行或金融机构获得贷款。对于那些实体资产有限但数据资源丰富的企业来说，这无疑是一场及时雨，极大地提高了他们的资金灵活性。如深圳微言科技有限责任公司于 2023 年 3 月通过光大银行深圳分行授信审批，成功获得全国首笔无质押数据资产增信贷款额度 1000 万元，并于 2023 年 3 月 30 日顺利放款。

再来聊聊数据资产股权融资。在这个资本市场竞争日趋激烈的时代，数据资产的数量、质量及其变现潜力，已然成为衡量企业价值的重要标尺。那些能够巧妙运用数据、构建数据优势的企业，在吸引投资者方面自然更具魅力，从而在股权融资中占据有利地位。于 2023 年 8 月，青岛华通智能科技研究院有限公司将基于医疗数据开发的数据保险箱(医疗)产品作价 100 万元入股，与青岛北岸控股集团有限责任公司、翼方健数(山东)信息科技有限公司组建成立新公司，成为全国首例数据资产入股的案例。

那么，数据资本化的大潮中，还有哪些值得关注的趋势呢？

首先，数据的流通方式正变得越来越丰富和多元。数据的交易，早已不再是单一的买卖，而是涉及更多层次的场外交易。在金融、征信、广告等多个舞台上，我们都能看到数据资产活跃的身影。以银行业为例，为了提升服务质量和风险管理，银行们纷纷通过招标等方式，积极采购外部数据。企业还可以进行数据合作与共享融资，在确保机密和个人信息不被泄露的前提下，通过数据共享或合作开展项目，吸引外部资金支持。这种以数据共享为基础的融资新模式，不仅增强了业务间的协同效应，还为合作伙伴带来了额外的价值。

再者，资本运作的手法也愈发多样化，如数据资产证券化，将数据未来的盈利能力像应收账款或信贷资产一样，转化为可交易的证券产品。这不仅丰富了企业的融资手段，还为投资者提供了进入数据经济的新渠道，实现了双赢。

最后，价格发现机制的日益完善也是不可忽视的趋势。目前，虽然静态定价仍是主流，但动态定价模式也在逐步崭露头角。随着市场的不断成熟和更多参与者的加入，我们可以期待一个更加流动、更加准确的市场定价体系的诞生。

随着数据交易所的蓬勃发展，数据资产的交易变得愈发便捷。企业可以直接在交易平台上买卖数据使用权，从而加快数据的流通和变现速度。这无疑为企业在资金竞争中抢占先机、推动持续成长开辟了新的价值创造空间。

第四章
数据治理支撑数据资源化

数据治理与数据资源管理是企业有效利用数据资产不可或缺的两个方面。数据资源管理侧重于数据作为一种资源的管理和优化使用，涉及数据的规划、控制和监督，以支持业务决策和发展战略。这包括数据的整个生命周期管理，从数据的采集、存储、处理、分析到最终的归档或销毁。数据治理则主要关注的是通过制定和执行一套政策、标准和流程来确保数据的质量、安全性和合规性，其核心在于建立一个结构化的框架，明确数据的所有权、使用规则以及管理责任。

两者之间的关系体现在多个层面。首先，数据治理为数据资源管理提供了必要的指导和约束条件，确保数据资源管理活动符合组织的总体战略目标和外部监管要求。例如，数据治理中定义的数据质量标准可以直接影响数据资源管理中的数据清洗和整合过程。其次，数据资源管理中的具体实践又反过来支撑了数据治理目标的实现，比如通过高效的存储和备份策略保障数据的安全性。此外，两者的目标是一致的，即最大化数据资产的价值并确保数据的安全和合规使用。

简而言之，数据治理和数据资源管理是相辅相成的。数据治理为数据资源管理提供了一个规范性的框架，确保数据资源管理活动能够有序开展；而数据资源管理则是数据治理政策落地的具体实践，通过优化数据的使用来实现业务目标。在实际操作中，两者需要紧密结合，共同构建一个全面的数据管理体系，这样才能有效地利用数据资源，支持更好的业务决策，促进企业的数字化转型和持续发展。

第一节　数据资源管理体系框架

数据资源管理体系对于企业来说至关重要，能够帮助企业更好地管理和利用数据资源，提升数据价值、降低成本、提高决策效率，并推动业务创新和发展。

通过建立规范的数据管理流程和机制，可以优化数据资源的管理和利用，减少数据管理成本并提高效率。同时，数据资源管理体系能够促进企业内各部门之间数据的共享和协作，促进业务流程的整合和优化。数据资源管理体系主要包括管理组织、管理制度和管理绩效。

一、如何组建数据资源管理组织

数据资源管理组织（Data Resource Management Organization）是指企业或机构内负责规划、实施和监督数据资产管理的组织结构。这个组织结构的目的是确保数据的高质量、安全性和合规性，同时最大化数据的价值。数据资源管理组织的建设通常需要考虑以下几个关键要素来确保数据的有效治理、质量和安全性。根据最佳实践，图4-1是常见数据资源管理组织结构的组成。

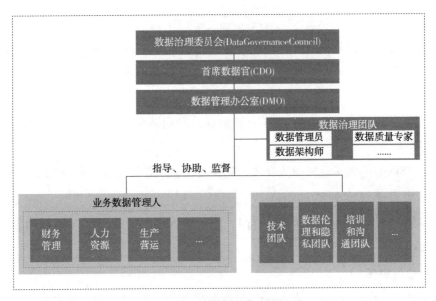

图 4-1　数据资源管理组织

1. 数据治理委员会（Data Governance Council）

数据治理委员会是组织数据管理框架的决策核心。它由公司一把手挂帅，公司的高层管理者组成，包括 CIO、CFO、COO 以及业务部门的负责人等，有时也包括外部顾问或数据治理专家。这个委员会的任务是制定数据管理的战略方针、政策和标准，确保数据治理计划与企业目标一致。

职能与责任：

① 定义和审批数据治理策略，包括数据分类、数据质量、数据安全和数据使用的规范。

② 制定数据治理的 KPIs 和指标，用于衡量数据治理项目的成功。

③ 审批数据治理预算和投资决策，确保数据管理活动得到充分的资金支持。

④ 监督数据治理项目的执行，解决跨部门的数据冲突，以及处理数据治理相关的重大决策。

2. 首席数据官（CDO）

CDO 是数据管理的执行负责人，负责将数据治理委员会的策略转化为实际行动。CDO 的角色在组织中日益重要，尤其是在那些视数据为关键资产的企业中。

职能与责任：

① 设计和执行数据战略，确保数据被有效利用，以支持业务决策和创新。

② 协调数据治理和数据管理活动，与各业务部门紧密合作，推动数据驱动的文化。

③ 监督数据管理办公室（DMO）和数据治理团队的日常工作，确保数据治理政策得到执行。

④ 与数据伦理和隐私团队合作，确保数据使用符合道德和法律标准。

3. 数据管理办公室（DMO）

DMO 是数据治理的具体执行部门，负责实施数据治理委员会和 CDO 制定的政策和标准。

职能与责任：

① 开发和维护数据治理手册，包括数据质量、数据安全、数据分类和数据审计的程序。

② 管理数据治理项目，如数据清洗、数据迁移和数据集成项目。

③ 与业务数据管理人合作，确保数据治理实践在各部门中得到贯彻。

④ 提供数据治理培训和支持，提升组织内的数据素养。

4. 数据治理团队

数据治理团队由专业人员组成，负责执行具体的治理任务。

职能与责任：

① 数据管理员负责数据的分类和元数据管理，确保数据的可发现性和可访问性。

② 数据质量专家监控和改进数据质量，减少错误和不一致性。

③ 数据架构师设计数据模型和数据仓库，优化数据存储和检索。

④ 数据安全专家负责数据加密、访问控制和合规性，保护数据免受未授权访问和数据泄露。

5. 业务数据管理人（Business Data Stewards）

每个业务部门都应有数据管理人，他们是数据治理的前线执行者。

职能与责任：

① 确保数据的准确性和完整性，负责数据的维护和更新。

② 解释数据治理政策给部门员工，确保数据使用符合规定。

③ 参与数据治理决策，反馈业务部门的数据需求和问题。

6. 技术团队

技术团队负责数据基础设施的建设和维护，是数据治理的技术后盾。

职能与责任：

① 构建和维护数据平台，包括数据库系统、数据仓库和数据湖。

② 实施数据安全措施，如防火墙、入侵检测系统和灾难恢复计划。

③ 支持数据治理团队的技术需求，如数据提取、转换和加载（ETL）工具。

7. 数据伦理和隐私团队

数据伦理和隐私团队关注数据的合法和道德使用，确保数据保护。

职能与责任：

① 监控数据处理活动，确保遵守国家安全法、个人信息保护法、GDPR 等法律法规。

② 开展数据伦理审查，评估数据项目的风险和影响。

③ 处理数据泄露事件，实施补救措施，保护个人隐私。

8. 培训和沟通团队

这个团队负责提升组织内的数据素养，促进数据文化的建设。

职能与责任：

① 组织数据治理培训，包括在线课程、研讨会和工作坊。

② 发布数据治理通信和报告，分享最佳实践和成功案例。

③ 促进跨部门沟通，确保数据治理信息的透明度和一致性。

在设置数据资源管理组织时，重要的是要确保跨部门的协作和沟通。此外，组织应该定期评估其数据管理流程，以适应不断变化的业务需求和技术环境。最后，数据资源管理的成效往往依赖于组织文化的转变，即建立以数据为中心的思维方式，将数据视为一种资产而非仅仅是 IT 部门的责任。

不同规模的企业在进行数据资源组织建设时，其策略会根据企业的特定需求、资源、能力和业务目标而有所不同。针对不同规模企业数据资源组织建设采用不同的策略。

小型企业——

成本效益优先：小型企业通常资源有限，因此应选择成本效益高的建设模式，岗位和人员的设置往往以兼职形式存在。

中型企业——

① **专业化团队**：建立专门的数据资源管理团队，负责数据治理、数据质量控制和数据分析，以支撑更复杂的业务需求。

② **数据治理框架**：开发和实施更全面的数据治理政策，包括数据分类、数据生命周期管理、数据安全和合规性。

大型企业——

① **企业级数据管理**：构建企业级的数据管理平台，可能涉及数据治理中心、主数据管理、元数据管理等。

② **高级分析与 AI 角色**：设置数据分析高级岗位，利用高级分析和技术，如机器学习和深度学习，进行预测性分析和优化业务流程。

所以，企业应该根据自身的规模、行业特点、业务需求和资源限制来定制其数据资源组织建设策略，同时保持灵活性，以便随着业务发展和技术进步进行适时调整。

二、如何设计数据资源管理制度

（一）数据资源管理制度的重要性

数据资源管理制度对于数据驱动的企业来说都是至关重要的，它不仅关乎数据的管理和使用，更是直接影响到企业的运营效率、决策质量、合规性以及客户信任度。以下是数据资源管理制度的一些主要作用。

1. 数据质量保证

数据资源管理制度首先强调的是数据质量的保证。数据是现代企业决策和运营的生命线，而数据质量则是这条生命线的健康程度。通过建立严格的数据输入标准和数据清理流程，制度确保每一条数据的准确性和完整性，减少错误和冗余，从而提升整体数据的可靠性和可信度。例如，制度要求定期进行数据审计，检查数据的一致性，使用数据验证规则来确认数据是否符合预期格式和范围，这些都是为了保障数据的高质量。

2. 法规遵从与数据安全

在全球范围内，数据保护法规如国家数据安全法、个人信息保护法、GDPR（欧洲通用数据保护条例）、HIPAA（美国健康保险流通与责任法案）等日益严格，企业必须确保数据的收集、存储、处理和传输过程遵守这些法律要求。数据资源管理制度通过设立数据分类体系和访问权限控制，明确了数据的敏感级别和谁可以访问何种数据，从而有效防止数据泄露和非法使用，确保数据安全，避免因违规操作导致的法律风险和罚款。

3. 决策支持与业务优化

数据资源管理制度还为企业提供了坚实的数据基础，支持更高效、更精准的决策。通过数据整合、清洗和分析，决策者可以获取实时、全面的信息，辅助战略规划和日常运营。例如，通过 BI（商业智能）工具，企业可以洞察市场趋势、顾客行为模式，进而优化产品设计和营销策略。此外，数据资源管理制度还能促进跨部门数据共享，打破信息孤岛，提升整体业务流程的协同性和效率。

4. 风险管理与成本控制

数据资源管理制度还涵盖了风险管理策略，包括数据备份、灾难恢复计划和定期的安全审计，以应对数据丢失或遭受攻击的潜在风险。同时，通过优化数据存储策略，避免不必要的数据冗余，减少硬件和软件资源的浪费，从而实现成本控制。企业可以通过精细化的数据管理，降低数据生命周期中的各项成本，提高资源利用率。

5. 创新与竞争优势

数据资源管理制度还是企业创新的催化剂。通过深入挖掘和分析数据，企业可以发现新的市场机会，开发创新产品和服务，从而获得竞争优势。例如，基于大数据分析预测消费者需求，提前调整供应链策略；或是运用 AI 技术优化生产流程，提高效率和质量。数据资源管理制度确保了企业在利用数据进行创新时，既有坚实的制度支撑，又能遵循合规框架，实现可持续发展。

（二）数据资源管理制度的内容

数据资源管理制度是企业或组织为了有效地管理和利用其数据资产而建立的一系列政策、程序和实践。在数字化时代，数据被视为关键的战略资源，其管理变得日益复杂，涉及数据治理、数据质量、数据安全、数据合规等多个方面。见图 4-2。

<table>
<tr><th colspan="10">数据资源管理制度</th></tr>
<tr><td>数据治理政策</td><td>数据质量管理制度</td><td>数据安全与隐私保护制度</td><td>数据合规与审计制度</td><td>数据生命周期管理制度</td><td>数据集成管理制度</td><td>数据变更管理制度</td><td>数据备份与恢复制度</td><td>数据使用与分析制度</td><td>数据伦理管理制度</td></tr>
</table>

图 4-2　数据资源管理制度

以下是数据资源管理制度的主要组成部分及其详细阐述。

1. 数据治理政策

数据治理政策是数据资源管理制度的核心，它确立了数据管理的基本原则和规则。这一政策通常包含以下要素：

① **数据所有权与责任分配**：明确谁拥有数据，谁负责数据的管理与维护。这有助于确保数据的准确性和可靠性。

② **数据分类与标签**：根据数据的敏感度、价值和用途进行分类，以便实施相应的安全措施。

③ **数据生命周期管理**：定义数据从创建、使用、存储到最终销毁的整个过程中的管理流程。

④ **数据质量标准**：设定数据质量的衡量指标，如完整性、准确性、一致性

和时效性，确保数据的高质量。

⑤ **数据访问权限与控制**：确定哪些人员可以访问哪些数据，以及访问的方式和条件。

⑥ **数据保留与销毁政策**：规定数据的存储期限，以及到期后数据的处理方式，确保符合法律法规要求。

2. 数据质量管理制度

数据质量管理是确保数据准确、完整和一致的过程。它包括：

① **数据清洗**：定期清理错误、重复或不完整的信息，提高数据的可用性。

② **数据验证与校验**：实施数据验证规则，检查数据是否符合预定义的标准和格式。

③ **数据审计**：定期检查数据质量，评估数据治理政策的执行情况。

④ **数据质量改进计划**：针对发现的问题制定改进措施，提升数据的整体质量。

3. 数据安全与隐私保护制度

数据安全是保护数据免受未经授权的访问、使用、披露、破坏、修改或销毁。隐私保护则关注于个人数据的收集、使用和共享。这包括：

① **数据加密**：使用加密技术保护数据在存储和传输过程中的安全。

② **访问控制机制**：通过身份验证和授权确保只有合法用户能够访问数据。

③ **数据最小化原则**：只收集和保留完成业务目标所必需的最少数据。

④ **隐私影响评估**：分析数据处理活动可能对个人隐私造成的风险，并采取相应措施。

4. 数据合规与审计制度

数据合规涉及遵守相关法律法规，确保数据处理活动合法。审计则是监督和验证数据管理实践的过程，确保其符合既定的政策和标准。

① **法规遵循**：遵守 GDPR、HIPAA、CCPA 等国内外数据保护法律法规。

② **合规性审计**：定期进行内部和外部审计，评估数据管理实践是否符合合规要求。

③ **事件响应计划**：制定应对数据泄露或其他安全事件的应急方案。

5. 数据生命周期管理制度

数据生命周期管理涵盖了数据从产生到销毁的全过程，包括：

① **数据创建与采集**：确定数据来源和收集方法，确保数据的原始质量和准确性。

② **数据存储与维护**：选择合适的存储解决方案，保证数据的安全性和可访问性。

③ **数据使用与分享**：规范数据使用和共享的流程，促进跨部门协作。

④ **数据归档与销毁**：对于不再活跃的数据进行归档，并在达到保留期限后依法销毁。

6. 数据集成管理制度

数据集成确保数据在不同系统之间可以无缝连接和交换，而互操作性则强调不同系统间的兼容性。

① **数据映射与转换**：在不同数据源之间进行数据结构和格式的匹配和转换。

② **接口与协议**：使用标准化的接口和通信协议实现数据的交互和共享。

③ **数据仓库与数据湖**：构建统一的数据存储平台，支持高级分析和决策支持。

7. 数据变更管理制度

数据变更管理确保数据更改过程的有序和可控。

① **变更请求与审批**：任何数据变更都需要经过正式的请求和审批流程。

② **版本控制**：记录数据变更的历史，便于回溯和审计。

③ **数据同步与复制**：在多系统环境中保持数据的一致性。

8. 数据备份与恢复制度

数据备份与恢复策略旨在防止数据丢失，确保数据的可恢复性。

① **定期备份计划**：设定备份频率和类型，如全备、增量备或差异备。

② **灾难恢复计划**：规划在重大数据丢失事件后的恢复步骤。

③ **备份验证**：定期测试备份的有效性，确保数据可以成功恢复。

9. 数据使用与分析制度

数据使用与分析政策指导数据的正确解读和应用，以驱动业务决策。

① **数据分析方法论**：采用科学的方法进行数据分析，避免偏差和误解。

② **数据可视化**：通过图表和报告呈现数据，帮助非技术人员理解数据。

③ **数据驱动决策**：鼓励基于数据的决策文化，提高决策的效率和准确性。

10. 数据伦理管理制度

数据伦理聚焦于数据使用的道德考量，确保数据处理的公正性和透明度。

① **公平性与包容性**：避免数据处理中的偏见和歧视，确保所有群体的平等对待。

② **透明度与告知**：向数据主体清晰说明数据的使用目的和方式。

③ **持续审查与改进**：定期评估数据伦理实践，持续优化数据管理流程。

数据资源管理制度是一个全面的体系，旨在确保数据的高效、安全和负责任的管理。这不仅需要技术上的投入，还需要组织文化的转变和全员参与，以构建一个可持续发展的数据驱动型组织。

（三）数据资源管理制度建设步骤

构建数据资源管理制度是一项复杂而细致的工作，涉及组织、技术、政策和文化的各个方面。以下是对数据资源管理制度建设步骤的详细阐述：

1. 需求分析与规划

（1）需求分析

① **现状评估**：对现有数据管理流程进行彻底审查，识别数据管理中的不足之处和潜在风险。

② **业务需求调研**：与业务部门进行深入沟通，了解他们的数据使用需求、痛点和期望。

③ **合规性要求**：分析相关的法律法规，确定数据管理的合规性要求。

（2）规划

① **目标设定**：基于需求分析，设定数据资源管理的短期和长期目标，如提升数据质量、加强数据安全、促进数据共享等。

② **策略制定**：制定数据治理策略，包括数据分类、数据质量控制、数据安全、数据生命周期管理等。

③ **路线图设计**：规划数据资源管理制度的实施步骤和时间表，考虑到资源分配、优先级和依赖关系。

2. 制度与政策制定

制定数据管理政策，包括数据安全、数据质量、数据备份与恢复、数据共享等方面的政策，明确数据管理的原则和规定。

① **制定数据安全策略**：制定数据安全策略，包括数据加密、访问控制、安全备份等措施，保障数据资源的机密性、完整性和可靠性。

② **制定数据质量管理规范**：建立数据质量管理规范，包括数据清洗、校验、验证、修复等措施，确保数据质量符合要求。

③ **制定数据备份与恢复策略**：建立数据备份与恢复策略，包括数据备份频率、存储介质、恢复测试等方面的规定，保障数据资源的安全和可靠性。

④ **制定数据共享规则**：明确数据共享的原则和规则，包括合作伙伴准入条件、共享权限控制、共享方式等，促进数据资源的共享和交换。

3. 流程设计与实施

（1）数据采集流程

① **源头控制**：确保数据采集的准确性和完整性，建立数据输入的验证规则。

② **自动化集成**：使用 API 或 ETL 工具自动化数据集成，减少人为错误。

（2）数据存储与处理

① **架构设计**：选择合适的数据存储技术，如数据仓库、数据湖或云存储。

② **数据清洗**：建立数据清洗流程，处理不一致、错误或冗余的数据。

（3）数据使用与共享

① **访问权限**：基于角色的访问控制，确保数据使用符合安全和合规要求。

② **数据共享机制**：建立跨部门的数据共享流程，促进数据的内部流通。

4. 培训与推广

① **数据素养培训**：为员工提供数据治理和数据管理方面的培训，提升数据意识。

② **技能培训**：对数据管理团队进行专业技能培训，确保他们掌握必要的数据管理工具和技巧。

5. 持续优化

（1）反馈循环

① **用户反馈**：收集数据使用者的反馈，了解数据管理的实际效果和用户需求。

② **持续改进**：基于反馈和评估结果，持续优化数据管理制度和流程。

（2）制度修订

① **定期评审**：定期评审数据管理制度，根据业务发展和技术进步进行调整。

② **法规适应**：跟踪法规变化，确保数据管理制度始终符合最新的法律法规要求。

通过上述步骤，企业可以逐步建立和完善数据资源管理制度，确保数据的高质量、安全性和合规性，同时促进数据的高效利用和价值最大化。

三、如何设计数据资源管理绩效

数据资源管理绩效评估是确保数据管理活动高效、有效并且能够持续改进的重要环节。它不仅关乎数据的准确性和安全性，还涉及数据价值的创造和组织竞争力的提升。以下是数据资源管理绩效评估的十个关键维度。

1. 数据质量评估

数据质量是数据资源管理绩效中最核心的指标之一。它包括以下几个子维度：

① **准确性**：数据是否真实反映实际情况，没有错误或偏差。

② **完整性**：数据是否包含所有必要的信息，没有任何遗漏。

③ **一致性**：数据在不同系统和时间点是否保持一致，没有冲突。

④ **时效性**：数据是否及时更新，反映了最新的状态，能够满足业务需求。

⑤ **可用性**：数据是否易于访问，格式是否适配于使用场景。

2. 数据安全与隐私评估

数据安全和隐私保护是数据资源管理中的关键领域，包括：

① **数据保护**：数据是否得到了适当的加密和访问控制，以防止未经授权的访问或篡改。

② **合规性**：数据处理是否遵循 GDPR、HIPAA 等国际和地方的数据保护法规。

③ **数据泄露事件**：组织是否建立了有效的数据泄露监测和响应机制，以及泄露事件的频率和影响程度。

3. 数据治理成熟度

数据治理的成熟度体现了组织对数据管理政策和流程的完善程度：

① **政策与流程**：数据治理政策的制定与执行情况，包括数据分类、数据所有权、数据生命周期管理等。

② **数据分类与分级**：数据是否按照敏感度和重要性进行了合理的分类，以便采取适当的安全和管理措施。

③ **数据生命周期管理**：数据从创建、使用、存储到销毁的整个过程是否得到妥善管理。

4. 数据集成与共享能力

数据集成和共享是现代企业数据资源管理的重要组成部分：

① **数据集成效率**：数据集成的速度和成功率，以及数据转换和清洗的效率。

② **数据共享能力**：数据是否能够跨部门、跨系统无障碍地共享，促进业务协同。

③ **数据标准与规范**：数据是否遵循统一的标准和格式，以促进数据的互操作性和一致性。

5. 数据价值创造评估

数据价值创造是衡量数据资源管理绩效的重要指标，包括：

① **业务洞察**：数据分析是否为决策者提供了有价值的业务洞察，提高了决策效率和质量。

② **成本效益**：数据管理的成本与收益比率，以及数据管理对业务流程优化的影响。

③ **创新与竞争力**：数据驱动的产品和服务创新情况，以及数据管理对组织竞争力的贡献。

6. 数据资源管理成熟度模型应用

采用成熟度模型，如 DMM（Data Management Maturity Model），来评估组织的数据管理成熟度：

① 自我评估与基准：定期进行自我评估，与行业标杆进行对比，识别差距。

② 改进计划：基于评估结果，制定具体的数据管理改进计划和目标。

7. 技术与工具评估

数据资源管理的技术和工具是提升数据管理效率和效果的关键：

① **技术应用**：数据管理技术的采用与更新情况，以及技术对数据管理流程的影响。

② **工具效能**：数据管理工具的性能和效率，以及工具的易用性和适应性。

8. 人力资源与培训

数据管理的人力资源和培训是确保数据管理活动成功的重要因素：

① **人才配置**：数据管理团队的规模、技能和经验是否满足组织需求。

② **培训与发展**：员工的数据素养培训和专业技能提升计划，以及培训效果的评估。

9. 持续改进与适应性

数据资源管理的持续改进和适应性确保了数据管理策略能够应对不断变化的业务环境：

① **反馈机制**：数据管理流程的反馈与改进机制，以及员工和用户对数据管理活动的反馈渠道。

② **灵活性与创新**：数据管理策略对业务变化的适应性和创新性，以及对新兴数据管理趋势的响应能力。

10. 合规与风险管理

数据资源管理的合规性和风险管理是确保数据管理活动合法性和安全性的必要条件：

① **风险评估**：数据管理活动中的风险识别和管理，包括数据安全风险、合规风险等。

② **合规审计**：定期进行的数据管理合规性审计，以及审计结果的分析和应对措施。

通过定期评估数据质量、数据安全与隐私、数据治理成熟度、数据价值创造等关键维度，组织可以确保数据管理策略的有效性和效率。这不仅有助于提升组织的竞争力，还能确保数据管理活动符合法规要求，保护数据主体的权益。通过持续改进和适应性策略，组织可以不断优化数据管理流程，应对未来的挑战和机遇。

第二节　数据资源管理的核心内容

数据资源化是将数据视为一种宝贵的资源，并通过技术和方法来最大程度地利用和管理数据，从而为组织或个人创造价值。这涉及收集、清洗、存储、分析和应用数据的过程，以支持业务决策、优化流程、改善用户体验等目标。数据资源化可以帮助组织实现数据驱动决策、提高效率和创新能力。根据当前企业数据资源建设的最佳实践，数据资源建设的核心内容主要包括：数据资源盘点、数据资源目录建设、数据资源共享机制建设、数据资源价值评估和数据治理如何促进数据资源化。

一、如何开展数据资源盘点

数据资源盘点是一种系统性的过程，旨在识别、分类并记录组织内的所有数据资源，无论是以物理形式存在还是电子形式存储。这一过程类似于传统的实物资产盘点，但它专注于数据层面，目的是全面了解和管理组织的数据资源。

（一）数据资源盘点的作用

数据资源盘点对于企业而言具有深远的意义，主要体现在以下几个方面：

1. 增强数据可见性与控制力

数据资源盘点可以帮助企业清晰地了解自己拥有哪些数据，数据存储在哪里，以及数据的质量如何。这使得企业能够更好地控制自己的数据资源，避免数据孤岛，确保数据的统一管理和使用。

2. 优化数据使用与决策

通过盘点，企业可以发现哪些数据被频繁使用，哪些数据很少触及，从而优化数据存储和处理策略，减少不必要的数据存储成本。同时，高质量的数据资源支持更准确的数据分析和数据驱动的决策制定。

3. 促进数据治理与合规性

盘点过程中，企业可以检查数据是否符合内部政策和外部法律法规的要求，比如《国家安全法》《个人信息保护法》，以及行业相关法规等，确保数据处理的合法性和合规性。这对于避免法律风险和保护企业声誉至关重要。

4. 加强数据安全与隐私保护

知道数据的全貌使企业能够实施更精细的数据安全策略，包括数据加密、访问控制和审计跟踪，从而保护敏感数据免受未经授权的访问和泄露。

5. 提升数据价值与创新

清晰的数据资源图谱为企业提供了数据整合的基础，有助于挖掘数据之间的关联，发现新的业务洞察，推动产品和服务创新，以及开发新的商业模式。

6. 支持业务连续性和灾难恢复

通过了解数据的分布和重要性，企业可以制定更有效的数据备份和灾难恢复计划，确保在发生数据丢失或系统故障时，关键业务运营能够迅速恢复。

（二）数据资源盘点的步骤

那么如何开展数据资源盘点呢？数据资源盘点可以按照现状调研、制定模板、系统梳理、审核确认、资源发布 5 大盘点步骤开展，确保企业数据资源盘得全。

现状调研阶段的任务是明确盘点的范围、盘点的内容和质量要求。

制定模板阶段的任务是制定数据资源标准，建立标准化模板，并指导团队依据标准和模板开展盘点工作。

系统梳理阶段的主要任务是梳理现存 IT 系统数据，识别和登记数据资源，并形成数据资源清单。

审核确认阶段的主要任务是核对数据资源描述的内容，判断是否符合标准和发布要求，并由企业数据责任人对审核结果进行确认。

图 4-3 展现了前四个步骤的主要工作内容（资源发布只有一个工作环节，无须展示）。

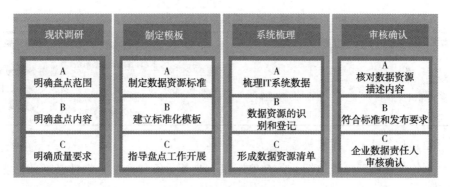

图 4-3 数据资源盘点步骤

1. 现状调研

面向业务人员开展数据资源现状调研，根据数据资源使用场景，明确数据资源盘点范围、内容、质量等要求。例如，物资供应链领域需要盘点寻源和合同数据、采购和付款数据、供应商数据以及电子商城数据等，具体如图 4-4 所示。

2. 制定模板

制定数据资源标准，建立数据资源盘点的标准化模板，以指导各领域开展数据资源盘点工作。数据资源盘点的模板主要包括源系统清单梳理模板、业务对象梳理模板、逻辑数据实体清单和系统表及字段梳理清单。

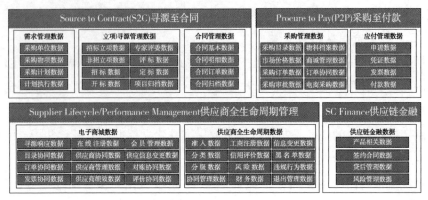

图 4-4　现状盘点

（1）源系统清单梳理模板

源系统清单梳理模版包括源系统标识、源系统名称、源系统描述、业务域、业务范围、版块类型、建设类型、部署方式、应用范围、业务类型等内容，如表4-1所示。

表 4-1　源系统梳理模板

＊源系统标识	＊源系统名称	＊源系统描述	＊业务域	＊业务范围	板块类型
源系统自定义标识	源系统名称	源系统业务和功能描述	源系统所属业务域/业务子域	详细描述源系统所涉及的业务范围（业务子域/关键业务/业务对象）	业务领域大类，历史统计口径，可选填

（2）业务对象梳理模板

业务对象梳理模版包括业务对象标识、业务对象名称、业务对象定义、业务活动来源、业务活动描述、业务活动执行单位、业务对象数据所有者等内容，如表4-2所示。

表 4-2　业务对象梳理模板

＊业务对象标识	＊业务对象名称	＊业务对象定义	＊业务活动来源	＊业务活动描述	＊业务活动执行单位	＊业务对象数据所有者
定义业务对象的英文名称或编码	定义业务对象的中文名称	对业务对象的定义，解释这个业务对象是什么	业务流程说明操作规程说明	谁做(组织)、如何做(场景、流程)、产生什么结果(信息)	业务活动实际执行的业务单位	定义业务对象的所有者

（3）逻辑数据实体清单

逻辑数据实体清单包括逻辑数据实体标识、逻辑数据实体名称、逻辑数据、实体定义、安全级别、业务对象标识、业务域、逻辑数据实体标识、逻辑数据实体名称、逻辑实体属性标识、逻辑实体属性名称、属性数据类型等内容，如表4-3所示。

表4-3 逻辑数据实体清单

*逻辑数据实体标识	*逻辑数据实体名称	*逻辑实体属性标识	*逻辑实体属性名称	*属性数据类型	*属性长度	*属性精度
逻辑数据实体的英文名称或编号	逻辑数据实体的中文名称	逻辑数据实体的属性标识	属性中文名称	属性数据类型：字符串，整数，浮点数，日期，布尔值	字段的长度	字段的精度

（4）系统表及字段梳理清单

系统表及字段梳理清单包括平台系统、系统名、表名、表中文名、表数据内容、数据开始时间、数据结束时间、表字段数、表条目数、表大小、系统表、系统字段等内容，如表4-4所示。

表4-4 系统表及字段梳理清单

平台系统	技术ID	*系统名	*表名	*表中文名	表数据内容	数据开始时间	数据结束时间	表字段数	表条目数	表大小
数据服务平台数据库	数据服务平台中对应元数据技术ID	源系统标识	表技术名称	表中文名	表中数据内容	例：2021/01/01	例：2021/01/01	表包含的字段数	表总条目数	表的大小MB(1条记录约占1kB空间)

3. 系统梳理

由各领域数据责任人牵头，IT技术部门协助开展所辖IT系统的梳理，实现数据资源的识别和登记，形成数据资源清单。数据资源清单将业务领域与数据资源有机地结合起来，主要包含业务领域、业务主题、业务对象、逻辑数据实体、属性名称等内容，表4-5为采购管理业务域数据资源清单示例。

4. 审核确认

由企业数据责任人对领域梳理得到的数据资源进行审核确认，确保符合标准和发布要求。例如，数据资源描述内容要包括资源编号、中文名称、业务定义、数据项来源、定义依据、业务规则、安全级别、数据类型、数据长度、归口部门等，具体如图4-5所示。

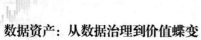

表 4-5　数据资源清单

L1 业务域	L2 主题域	L3 业务对象名称	L4 逻辑数据实体	L5 属性名称	业务定义及用途	业务对象分类	数据类型分类	数据长度	数据产生部门	数据归口管理部门
采购管理	供应商管理	供应商名单管理	合格供应商名录	供应商序号	是对名录供应商的排序	事务数据	编号类		采购管理部	采购管理部
采购管理	供应商管理	供应商名单管理	合格供应商名录	品类序号	是对名录内供应商提供物项的分类	事务数据	编号类	2 位	采购管理部	采购管理部
采购管理	供应商管理	供应商名单管理	合格供应商名录	录入人	是录入该条供应商信息人员名称	事务数据	描述类	4 位	采购管理部	采购管理部
采购管理	供应商管理	供应商名单管理	合格供应商名录	录入部门	是录入该条供应商信息人员所在部门	事务数据	描述类		采购管理部	采购管理部
采购管理	供应商管理	供应商名单管理	合格供应商名录	录入时间	是录入该条供应商信息时间	事务数据	时间类	8 位	采购管理部	采购管理部
采购管理	供应商管理	供应商名单管理	合格供应商名录	供方名称	是供应商营业执照注册名称	事务数据	描述类		采购管理部	采购管理部
采购管理	供应商管理	供应商名单管理	合格供应商名录	曾用名	是供应商曾经用名	事务数据	描述类		采购管理部	采购管理部
采购管理	供应商管理	供应商名单管理	合格供应商名录	统一社会信用代码	是供应商企业身份识别代码	事务数据	编号类	18 位	采购管理部	采购管理部
采购管理	供应商管理	供应商名单管理	合格供应商名录	法人	是具有民事权利能力和民事行为能力，依法独享有民事权利和承担民事义务的组织	事务数据	描述类		采购管理部	采购管理部
采购管理	供应商管理	供应商名单管理	合格供应商名录	供应商类型	是供应商组织的社会性质	事务数据	描述类		采购管理部	采购管理部

续表

L1 业务域	L2 主题域	L3 业务对象名称	L4 逻辑数据实体	L5 属性名称	业务定义及用途	业务对象分类	数据类型分类	数据长度	数据产生部门	数据归口管理部门
采购管理	供应商管理	供应商名单管理	合格供应商名录	境内外关系	是供应商注册所在地	事务数据	描述类		采购管理部	采购管理部
采购管理	供应商管理	供应商名单管理	合格供应商名录	是否在系统内	是判断供应商是否为集团成员	事务数据	选择类		采购管理部	采购管理部
采购管理	供应商管理	供应商名单管理	合格供应商名录	准入类别	是供应商提供的物项所属类别	事务数据	描述类		采购管理部	采购管理部
采购管理	供应商管理	供应商名单管理	合格供应商名录	提供物项	是供应商提供的供货范围	事务数据	描述类		采购管理部	采购管理部
采购管理	供应商管理	供应商名单管理	合格供应商名录	联系人	是供应商该物项授权业务代表	事务数据	描述类		采购管理部	采购管理部
采购管理	供应商管理	供应商名单管理	合格供应商名录	联系方式	是该供应商该物项授权业务代表的联系方式	事务数据	编号类	11 位	采购管理部	采购管理部
采购管理	供应商管理	供应商名单管理	合格供应商名录	纳入时间	是该供应商授权为合格供应商的开始时间	事务数据	时间类	8 位	采购管理部	采购管理部
采购管理	供应商管理	供应商名单管理	合格供应商名录	有效期	是该供应商被授权时效	事务数据	度量类	1 位	采购管理部	采购管理部

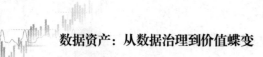

业务属性					
资产项编号	BAS04010101-001	资产项中文名称	物资分类编码	一级分类	D01·需求管理
二级分类	D0101-采购物资管理	三级分类	D040101-采购物项	四级分类	D04010101-物资信息
业务定义	集团有限公司范围内基建、生产、科研、运营及公办所涉及到的各种原材料、辅助材料、燃料、设备、配件及工具、劳保用品、办公用品等实物产品，以及计算机软件，非实物产品在中国核工业集团有限公司物资分类体系中的位置和代号				
资产项来源	集团物资编码管理系统	定义数据		《物资分类与编码规则》	
业务规则	采用六位阿拉伯数字编码。分为三级，每两位数组成一段，高至低分别表示大类，中类和小类。大类代码从"01"、中类代码从"××01"、小类代码从"×××01"开始，均连续升席排列。每类中若包含下位类的细分类目，则设收各类，其代码采用末位数字"99"				
安全级别	2-可内部可公开	安全级别定义依据		《数据安全管理办法》	
综合级别	一般数据	综合级别定义依据		《数据安全分类分级指南》	
技术属性					
数据类型	编码类	取值范围	10101-999999	计量单位	/
数据长度	6	取值精度	0	代码编号	/
质量属性					
完整性	不能为空	规范性	编码长度为6位	准确性	大于等于10101 小于等于9999999
一般性	/	唯一性	/	时效性	/
管理属性					
归口管理部门	经营管理部	是否制定标准	Y	标准版本	v1.0
创建日期	2023-11-9 12:01:01	更新日期	/	废止日期	/
数据分布					
系统名称		模式名称	表名称		字段名称
采购与供应链数据资源管控平台		ods_ecp	Jh_zxlsjh_mx		wzbmfl(物资分类编码)
采购与供应链数据资源管控平台		dwd_ecp	dwd_material_info		material_category(物资分类编码)

图 4-5　数据资源审核

二、如何编制数据资源目录

数据资源目录编制工作在遵循企业相关标准和规范的前提下，以数据资源管理平台为支撑，以组织、标准、机制为保障，将数据资源目录编制工作划分为前期准备、数据目录编制规划、目录编制、数据目录编制维护四个阶段，如图 4-6 所示。

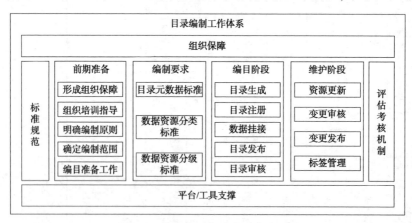

图 4-6　数据资源目录编制工作体系

前期准备阶段应确定数据目录编制目标，明确组织机构、任务与要求，该阶段是目录编制的基础；目录规划阶段应对目录元数据通用要求、数据资源分类分级标准等方面进行统一规定，以保障目录的一致性与规范性；目录编制阶段对系统进行梳理,开展基于系统库表的数据资源目录编制,包括数据目录编制生成、目录注册和目录挂接,为了保证目录的全面性、准确性和规范性,对生成目录进行审核;目录维护阶段应在目录注册到数据资源管理平台后,对目录进行定期维护与更新,对数据目录编制全过程实时监测和评价,建立制度化、常态化的数据目录编制评估机制。数据资源目录编制流程如图4-7所示。

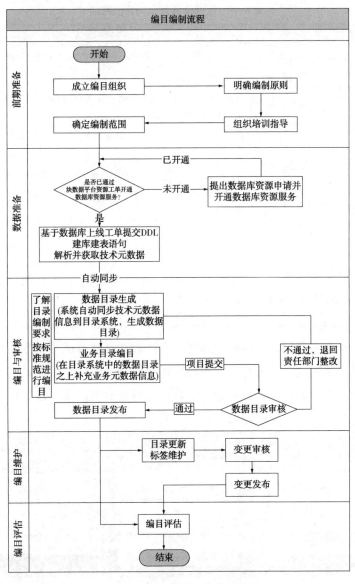

图4-7 数据资源目录编制流程

数据资源目录评估是对数据资源目录的质量从全面性、规范性（分类、名称）、完整性（数据项是否漏填）、准确性（数据项填写准确与否）以及数据资源目录管理等方面进行全面评估，确保企业得到的数据资源目录编制效果。评估指标体系设计尽可能避免主观性指标，从而增加评估结果的科学性，数据资源目录的评价维度如表4-6所示。

表 4-6 数据资源目录的评价维度

一级指标	二级指标	指标公式
完备程度	数据资源编目覆盖率	已完成编目的信息资源占系统中所有系统信息资源的比例
	数据项编目覆盖率	已完成编目的信息资源项占系统中所有信息资源项的比例
数据质量	数据资源有效性	目录命名准确，描述准确、数据项填充准确的信息资源占系统中所有信息资源的比例
	数据项规范性	目录元数据填写符合数据标准的数据项占系统中所有信息资源项的比例
分类分级	分类完整性	已进行分类打标的信息资源占系统中所有系统信息资源的比例
	分类有效性	分类合理，便于查找和管理的信息资源占系统中所有系统信息资源的比例
工作反馈	编目响应及时性	编目培训后是否能够及时响应编目（优秀：响应时间小于5个工作日；合格：响应时间5~10个工作日；不合格：响应时间大于10个工作时）
	编目整改有效性	编目整改结果是否满足管理部门要求（优秀：反馈结果与要求偏差低于5%；合格：反馈结果与要求偏差5%~20%；不合格：反馈结果与要求偏差大于20%）

在企业中数据资源目录如何编制呢？企业数据资源目录从业务视角自顶向下可由业务域、主题域、业务对象、逻辑实体及属性组成，并且逻辑实体与物理实体存在映射关系。数据资源目录建设一般分为目录框架设计、目录资源挂接、数据目录发布三个环节。见图4-8。

图 4-8 数据资源目录建设

（一）目录框架设计

从业务出发，通过梳理或是分析业务流程，明确关键业务对象及业务活动，按照数据资源目录架构进行目录业务框架设计。目录框架梳理主要包括业务域、主题域、业务对象、逻辑实体和属性的梳理和设计。

1. 业务域梳理

业务域是公司顶层业务划分，体现公司最高层面关注的业务领域，一般与一级业务流程架构保持一致。企业中常见的业务域包括：人力资源管理、财务管理、物资管理、经营管理等。

2. 主题域梳理

主题域是最高层级的、以主题概念及其之间的关系为基本构成单元的数据主题的集合。主题域模型是数据资源目录的基础，反映了企业业务流程的逐级展开。通过主题域模型，可以清晰地分析企业各关键活动及其输入输出、相关标准等信息，并明确各业务之间的关系。

将业务流程逐级展开，分析关键活动及其输入输出、相关标准等信息，明确各业务之间的关系。根据业务管理情况，划分业务域、主题域。

（1）业务流程分解

首先将企业的业务流程逐级展开，从宏观到微观逐步细化，识别出各个业务活动及其关键步骤。通过流程分解，可以直观地了解每个业务活动的具体内容和运行逻辑。

（2）关键活动分析

对业务流程中的关键活动进行详细分析，明确其输入、输出、相关标准以及参与的角色和责任。关键活动是业务流程的核心部分，其有效运行直接影响到整个业务流程的顺利进行。

（3）业务域划分

根据业务管理情况，将整个企业的业务流程划分为若干业务域。业务域是业务活动的集合，是对业务流程的逻辑分组。每个业务域内的活动具有较强的相关性和内在联系。

（4）主题域划分

在业务域的基础上进一步划分主题域。主题域是业务域的细化，是对具体业务活动的进一步分类。主题域的划分要综合考虑业务活动的性质、目标和管理需求，确保主题域之间的边界清晰，内部结构明确。

3. 业务对象

业务对象是业务领域重要的人、事、物，承载了业务运作和管理涉及的重要数据。业务对象可通过聚焦业务活动中具有独立性、唯一标识的"人、事、物、地"识别而出。如成品油外采业务环节中，参与业务的人和组织为采购组织与供应商，参与业务的物为采购组织采购的成品油，业务地点为订单的交货地点，参与业务的事为采购订单等业务所发生的记录。

4. 逻辑实体及属性

逻辑实体通常是从业务对象扩展而来的，通过对象继承、属性补全、实体拆分这三个步骤将概念实体转换为逻辑实体。逻辑实体的设计是企业从数据标准、业务流程和信息系统的数据模型中提取、识别关键概念实体及其关键通用属性，并对概念实体进一步细化和拆分，形成通用逻辑模型。逻辑模型的设计过程通常分为以下四个步骤。

（1）识别业务实体及其关键属性

在划分主题域的基础上，通过数据资源目录识别业务实体及其与源信息系统库表的映射关系。结合梳理相关信息系统后反馈的信息目录，整理出业务实体属性与源信息系统库表信息项的映射关系。根据关键属性判定原则，识别出业务实体所包含的关键属性，形成业务实体关键属性清单。

（2）业务实体及关键属性规范化处理

根据统一的业务术语和模型命名规范，对业务实体关键属性清单中的实体命名、属性命名、命名缩写、业务术语进行规范化处理，并整理为模板导入清单。

（3）识别并梳理实体关联关系

以数据实体流转关系、逻辑实体关键属性清单、系统接口规范与定义文档、接口清单、各类设计文档为输入，识别出各逻辑实体关键属性的主键、外键关系，梳理出逻辑实体的关联关系，形成本业务领域的初步逻辑模型。

（4）迭代完善逻辑模型

通过收集反馈的各类设计文档（如系统功能设计文档、概要设计文档、详细设计文档)、物理模型等材料，识别出新的实体和关键属性，进一步补充完善实体关键属性清单，迭代完善逻辑模型。

（5）逻辑模型的属性要素

逻辑模型通过实体的关键属性描述业务细节，但只包含关键属性，而非全部实体和属性。关键属性指那些如果缺失会导致企业无法正常运转的属性。逻辑模型中的关键属性来源于源信息系统的表结构和字段，但并非所有字段都属于关键字段，因此必须进行识别。识别内容包括：主键和外键、安全等级高的数据项、符合企业数据标准的数据项、系统间流转的数据项、数据质量度量规则对应的数据项、具有业务含义的名称、编号/编码、数值、数量、金额类数据项等。

（二）目录资源挂接

资源目录和数据资源初步关联，判别哪些数据资源目录没有对应实际数据资源，哪些数据资源没有数据目录对应，然后调整完善数据资源目录；标识哪些数据资源目录没有实际的数据资源，根据关联情况对业务对象和逻辑实体进行优化整合，按照模板补齐业务属性和技术属性。见图4-9。

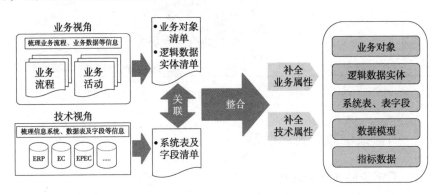

图4-9 资源目录挂接示例

经过梳理和挂接后的数据资源目录如图4-10所示。

（三）资源目录发布

通过数据资源目录发布，实现企业范围内数据资源的可见、可查、可用。比如，可以利用数据资源管理平台对数据资产进行采集、整合、加工、发布，形成企业级数据资源地图，如图4-11所示。

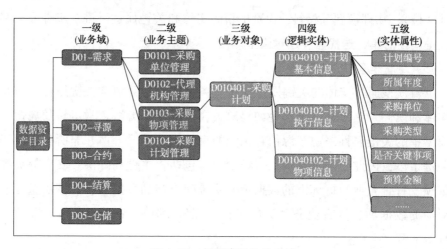

图 4-10　数据资源目录示例

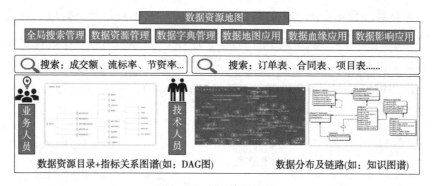

图 4-11　数据资源地图

三、如何实现数据资源共享

（一）数据资源共享的意义

企业数据资源共享的价值，远远超出了简单的信息传递和数据交换。它是一种战略性的举措，能够提升决策质量、优化业务流程、增强团队协作与创新、提升客户体验、加强风险管理和合规性、优化资源配置、推动数字化转型，并提升企业文化和凝聚力。通过建立有效的数据共享机制，企业不仅能够增强自身的竞争力，还能够促进整个行业的进步和发展。在数字化时代，数据已经成为企业最宝贵的资产之一，而数据共享则是释放这一资产潜力的关键。以下是七个企业资源共享价值的场景。

1. 深度洞察与全面视角

在企业内部实现数据资源共享，意味着决策者可以访问跨部门、跨职能领域的数据。这不仅限于财务报表和销售数字，还包括市场趋势、客户行为、供应链动态、人力资源分析等。例如，一家零售企业可能将销售数据与天气预报、节假日安排和社交媒体趋势相结合，以预测未来的需求和优化库存管理。这种深度洞察和全面视角有助于决策者做出更准确的判断，避免因信息不足而产生的盲点。

2. 量化分析与模拟预测

数据共享还支持更复杂的量化分析和预测建模。通过整合历史数据和外部数据源，企业可以使用先进的统计和机器学习算法，预测未来的市场走势、客户偏好变化或供应链中断的可能性。例如，汽车制造商可能分析原材料价格波动、竞争对手定价策略和消费者购买力指数，以确定最佳的定价策略和生产计划。这些预测模型可以显著减少不确定性，帮助企业提前准备，降低风险。

3. 流程透明与效率提升

当各部门能够访问共享的数据资源时，业务流程的透明度和效率将得到显著提升。例如，在制造业中，生产部门、采购部门和物流部门可以实时共享物料库存、订单进度和运输状态，确保供应链的顺畅运行。这种透明性减少了信息延迟和误解，加快了决策速度，降低了因等待或重复工作导致的成本。

4. 数据驱动的改进

数据共享还为企业提供了持续改进业务流程的机会。通过对流程中的数据进行分析，企业可以识别瓶颈、浪费和低效环节，实施精益管理原则。例如，一家制药公司可能分析药品研发、临床试验和市场推广的数据，以优化药物上市的时间表，减少不必要的开支。数据驱动的改进使企业能够持续优化流程，提高整体效能。

5. 客户洞察与个性化服务

数据共享使企业能够深入理解客户的需求和偏好，提供更加个性化和及时的服务。通过整合客户交易记录、在线行为、社交媒体互动等数据，企业可以构建客户画像，预测客户行为，定制营销策略。例如，一家电子商务公司可能分析用户的购物历史和浏览模式，推荐相关商品，提供个性化的购物体验。这种基于数据的客户洞察增强了客户满意度和忠诚度。

6. 风险预警与合规监控

数据共享使企业能够更好地识别和管理风险，同时确保合规性。通过整合财务、运营、法律和合规部门的数据，企业可以建立风险预警系统，监测潜在的威胁和异常。例如，一家金融机构可能分析贷款申请者的信用评分、行业趋势和宏观经济数据，以评估信贷风险。同时，合规部门可以利用数据共享平台，监控交易记录、员工行为和第三方活动，确保遵守反洗钱和反腐败法规。这种全面的风险管理和合规监控有助于企业避免罚款、诉讼和声誉损害。

7. 数据驱动的业务模式

数据共享是企业数字化转型的核心。通过整合和分析数据，企业可以构建数据驱动的业务模式，利用数字技术改变传统的运营方式。例如，一家保险公司可能开发基于行为的保险产品，通过分析客户的健康数据、驾驶习惯和生活方式，提供个性化的保险方案。数据共享平台支持企业从数据中提取价值，创造新的收入来源。

（二）数据资源共享的步骤

数据资源共享的实施是一项系统工程，涉及数据治理、技术架构、组织变革和文化塑造等多个方面，见图4-12。以下是数据资源共享实施的步骤和流程，旨在指导企业或组织有序地推进数据资源共享的落地。

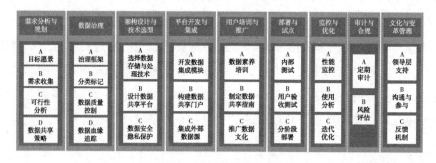

图4-12　数据资源共享的步骤

1. 需求分析与规划

（1）明确目标与愿景

数据共享的目标应当与组织的业务战略紧密相连，无论是提高决策效率、促进业务创新还是优化运营流程，都需要明确具体的业务目标。例如，如果目标是提高决策效率，那么数据共享应当聚焦于提供决策支持所需的数据集，包括市场趋势、客户行为、内部运营数据等。设定清晰的愿景，如"打造数据驱动的组织"，可以激发员工的动力，引导数据共享的方向。

（2）需求收集

需求收集是通过与各业务部门沟通，了解他们的痛点、需求和预期收益。这一步骤需要跨部门的协作，可能涉及问卷调查、研讨会或一对一访谈。例如，销售部门可能需要实时的市场数据来调整策略，而财务部门可能需要更精确的成本和收入预测。确保收集到的需求既全面又具体，有助于后续的技术选型和系统设计。

（3）可行性分析

评估组织现有的技术基础、数据质量和文化是否支持数据共享。技术基础包括现有的数据存储、处理和分析能力；数据质量指数据的准确性、完整性和时效性；文化则涉及员工的数据意识和使用习惯。例如，如果数据质量低下，可能需要先进行数据清洗和标准化，才能有效共享。

（4）制定策略

基于需求分析，制定数据共享策略，包括数据治理、技术架构和实施路线图。策略应当是灵活的，能够适应未来业务的变化。例如，初期可能仅在关键部门实施数据共享，然后逐步扩展到整个组织。

2. 数据治理

（1）建立数据治理框架

成立数据治理委员会，负责制定数据政策、标准和流程，确保数据质量、安全和合规。委员会应当包括来自不同部门的代表，确保数据治理政策能够平衡各方的利益。

（2）数据分类与标记

根据数据的敏感度、价值和用途进行分类，使用元数据标记数据属性，如数据来源、更新频率、联系人等。例如，客户个人信息属于高敏感度数据，需要额外的安全措施和访问控制。

（3）数据质量控制

实施数据清洗、验证和监控机制，确保数据的准确性、完整性和时效性。数据质量控制应当贯穿数据的整个生命周期，从数据的采集、存储到使用和归档。

（4）数据血缘追踪

记录数据的来源、变更历史和使用路径，提高数据的可追溯性。数据血缘追踪有助于理解数据的演变过程，对于数据审计和问题排查至关重要。

3. 架构设计与技术选型

（1）选择数据存储与处理技术

根据数据类型和规模选择合适的数据仓库、数据湖或云存储服务。例如，对于结构化数据，关系型数据库可能是更好的选择；而对于非结构化数据，Hadoop或 NoSQL 数据库可能更适合。

（2）设计数据共享平台

构建数据集成、转换和分发的架构，考虑数据安全、访问控制和 API 接口设计。平台设计应当遵循开放标准，确保与其他系统和工具的兼容性。

（3）实施数据安全与隐私保护

采用加密、访问控制、审计和合规检查等措施，保障数据安全。例如，对于敏感数据，可以采用列级加密和细粒度的访问控制，确保只有授权的用户才能访问。

4. 平台开发与集成

（1）开发数据集成模块

实现数据抽取、转换和加载(ETL)过程，确保数据能够在不同系统之间流畅传输。ETL 流程应当自动化，减少手动操作的错误和延迟。

（2）构建数据共享门户

开发用户界面，提供数据搜索、查询和下载功能，支持数据的自助服务。数据共享门户应当直观易用，降低用户使用数据的门槛。

（3）集成外部数据源

与第三方数据供应商或合作伙伴的数据系统对接，丰富数据资源。例如，接入气象数据、行业报告或社交媒体分析，可以提供更全面的业务视角。

5. 用户培训与推广

（1）数据素养培训

对员工进行数据治理和数据使用培训，提高数据意识和技能。培训应当涵盖数据伦理、数据保护法规和数据分析工具的使用。

（2）制定数据共享指南

发布数据使用规则、最佳实践和常见问题解答，指导用户正确使用数据。数据共享指南应当定期更新，反映最新的数据政策和工具。

（3）推广数据文化

倡导数据驱动的决策和工作方式，建立数据共享的正向激励机制。例如，可以设立数据创新奖，奖励那些利用数据解决业务难题的团队和个人。

6. 部署与试点

（1）内部测试

在小范围内进行数据共享平台的测试，收集反馈，修正问题。内部测试应当涵盖各种使用场景，确保平台的稳定性和性能。

（2）用户验收测试

邀请目标用户群参与测试，确保数据共享满足业务需求。用户验收测试应当包括真实的数据和业务流程，尽可能模拟实际环境。

（3）分阶段部署

逐步扩大数据共享的范围，先从关键部门或项目开始，再逐步推广到整个组织。分阶段部署有助于控制风险，积累经验，为后续的扩展打下基础。

7. 监控与优化

（1）性能监控

持续监控数据共享平台的性能，包括数据访问速度、系统稳定性等。性能监控应当自动化，能够实时报警，及时响应问题。

（2）使用分析

收集数据使用统计，分析数据的受欢迎程度和潜在问题。使用分析可以帮助优化数据资源的配置，提高数据的利用率。

（3）迭代优化

根据用户反馈和性能分析，定期优化数据共享流程和技术架构。迭代优化应当持续进行，确保数据共享系统能够适应业务的快速发展。

8. 审计与合规

（1）定期审计

执行数据共享的合规性审计，确保数据使用符合法律法规和内部政策。审计应当包括数据访问记录、数据安全措施和数据治理流程。

（2）风险评估

定期评估数据共享带来的风险，如数据泄露、滥用或误用，及时采取补救措施。风险评估应当全面，覆盖技术、操作和组织层面。

9. 文化与变革管理

（1）领导层支持

确保高层管理团队对数据共享的承诺，为变革提供方向和资源。领导层应当积极参与数据共享的决策和实施过程，展现对数据价值的认可。

（2）沟通与参与

持续与员工沟通数据共享的进展和成果，鼓励员工积极参与数据共享的改进。沟通应当透明，让员工了解数据共享的愿景、目标和挑战。

（3）反馈机制

建立反馈渠道，收集员工和用户的建议，促进持续改进和创新。反馈机制应当便捷，鼓励所有人分享他们的想法和经验。

通过上述详细的步骤和流程，企业可以系统地推进数据资源共享的实施，构建一个高效、安全、合规的数据共享环境，赋能业务决策，促进组织的数字化转型。数据共享不仅是技术的革新，更是组织文化的一次深刻变革，需要所有人的参与和努力，才能真正实现数据的价值最大化。

四、如何高效应用数据资源

（一）数据资源应用典型场景

数据资源的应用是现代企业运营和决策中的关键环节，它能够帮助企业提升效率、优化流程、促进创新和增强市场竞争力。以下是数据资源在不同领域和场景中的典型应用方式。

1. 商业智能与决策支持

（1）销售与市场分析

在销售与市场分析中，数据资源的应用是至关重要的。企业可以通过收集和分析大量的销售数据、市场趋势和客户行为，来预测未来的销售量，优化库存管理，制定有效的市场策略。例如，通过分析历史销售数据，企业可以识别销售高峰和低谷的时间段,据此调整生产和库存策略,避免过度库存或缺货的情况发生。此外,市场趋势分析可以帮助企业洞察行业动态,如消费者偏好的变化、竞争对手的动向等,从而及时调整产品组合和营销策略,以更好地满足市场需求。

(2)财务分析

财务数据是企业决策的重要依据。通过财务分析,企业可以深入了解成本结构、利润来源、现金流状况以及潜在的财务风险。例如,成本分析可以帮助企业识别成本控制的盲点,优化资源分配;利润预测则能帮助企业评估新项目的盈利潜力,为资本配置提供依据;风险评估则能帮助企业在投资决策中识别和规避潜在的财务风险。通过综合运用财务数据,企业可以构建稳健的财务规划和预算控制体系,确保企业的财务健康和长期发展。

(3)运营优化

在运营层面,数据资源的应用能够帮助企业优化流程,提高效率。通过对供应链数据的分析,企业可以识别生产、仓储、物流等环节中的瓶颈,通过调整生产计划、优化库存管理、改进物流路线等方式,减少浪费,提高整体运营效率。例如,利用历史销售数据和市场预测,企业可以更准确地预测产品需求,合理安排生产计划,避免过剩库存或缺货造成的损失。同时,通过实时监控物流数据,企业可以优化配送路线,减少运输时间和成本,提升客户满意度。

2. 客户关系管理

(1)客户细分

客户数据的深入分析可以帮助企业进行精准的客户细分,识别高价值客户群体。通过分析客户购买历史、消费频次、购买金额等数据,企业可以将客户分为不同的细分市场,为每个细分市场提供定制化的产品和服务。例如,通过分析高价值客户的消费行为,企业可以设计专属优惠、定制化礼品或优先服务,以增强客户忠诚度和满意度。

(2)客户体验优化

客户体验是影响客户满意度和忠诚度的关键因素。通过收集和分析客户反馈、服务记录和交互数据,企业可以深入了解客户在产品使用和服务过程中的体验,识别服务中的不足之处,及时进行改进。例如,分析客户投诉和建议,企业可以发现产品设计缺陷或服务流程中的不便,进而优化产品功能或服务流程,提升客户体验。此外,通过分析客户交互数据,企业还可以优化客户接触点的设计，如网站导航、移动应用界面等，使客户能够更轻松、愉快地完成购买和使用过程。

（3）交叉销售与追加销售

数据资源的应用还可以帮助企业识别交叉销售和追加销售的机会，增加销售收入。通过分析客户的购买历史和偏好数据，企业可以推荐相关产品或服务，以满足客户未被满足的需求。例如，银行可以根据客户账户的交易记录和信用评级，推荐信用卡、保险或理财产品，以提高客户黏性和增加收入。同样，零售商可以通过分析客户的购物篮数据，推荐搭配商品，促进追加销售。

3. 产品与服务创新

（1）市场研究

数据资源在产品与服务创新中扮演着核心角色。通过分析市场数据和消费者趋势，企业可以洞察市场需求，识别创新机会。例如，通过分析社交媒体和在线论坛的讨论，企业可以捕捉消费者的最新需求和期望，为产品开发和创新提供方向。此外，利用大数据分析，企业可以预测市场趋势，预判未来消费者偏好，指导产品设计和功能优化，以保持市场竞争力。

（2）用户体验设计

数据资源的应用还可以帮助企业优化产品设计，提升用户体验。通过收集和分析用户使用数据，企业可以了解用户在产品使用过程中的行为模式和偏好，识别用户体验的痛点和亮点。例如，通过分析用户在移动应用中的点击流数据，企业可以发现用户在哪个环节停留时间最长，哪个功能使用频率最高，从而优化界面布局，提升交互体验。此外，通过用户反馈数据，企业可以了解用户对产品功能的满意度和改进建议，据此调整产品特性，提升用户满意度。

（3）服务个性化

数据资源的应用还可以帮助企业实现服务的个性化，以提升客户体验和忠诚度。通过分析用户数据，企业可以识别用户特征和偏好，提供定制化服务。例如，基于用户的历史购买记录和浏览行为，电子商务平台可以为每位用户提供个性化的商品推荐，提高转化率。同样，金融机构可以通过分析客户的财务状况和投资偏好，提供个性化的理财建议，增强客户信任和满意度。

（二）数据资源应用开发步骤

通过以上分析可以看出，数据资源的应用成为企业创新和转型的关键驱动力，而数据资源的应用均是通过场景化实现的。因此，数据资源的高效利用就是要开发高价值的数据场景。那么，如何才能设计和发掘企业中高价值的数据应用场景呢？设计数据应用场景是一个涉及业务理解、数据探索、技术实现和价值创造的综合过程。通过最佳实践，数据应用场景设计包括业务需求分析、数据资源盘点、场景构思与原型设计、监控与优化以及扩展与创新等关键环节见图 4-13。以下是一个详细的步骤指南，帮助企业有效地设计数据应用场景。

图 4-13 数据资源应用开发步骤

1. 业务需求分析

（1）确定业务目标

业务需求分析是数据应用场景设计的起点。在这个阶段，企业需要明确希望通过数据解决的具体业务问题或实现的目标。这些目标可以是提升销售业绩、优化运营效率、增强客户体验、减少成本或提高决策的准确性。例如，一家零售企业可能希望利用数据来预测热销商品，从而优化库存管理，减少滞销风险，提高周转率。

（2）识别痛点

接下来，企业应该分析当前业务流程中的瓶颈和问题，找出可以通过数据应用解决的领域。这可能涉及对供应链的优化，提高客户满意度，或是改善内部运营流程。例如，如果客户反馈表明产品退货率高，企业可以分析退货数据，找出退货的原因，如产品质量、尺寸不符或物流损坏，从而针对性地改进。

（3）利益相关者访谈

组织内部的利益相关者访谈是获取第一手需求和见解的重要途径。这包括与业务部门、IT 部门、数据分析团队以及一线员工的沟通。通过这些访谈，企业可以深入了解不同部门的痛点，识别跨部门的协作机会，以及收集关于数据应用的具体需求和预期效果。

2. 数据资源盘点

（1）数据资产梳理

数据资源盘点是理解企业数据现状的关键步骤。企业需要列出所有可用的数据资源，包括内部数据（如销售记录、客户信息、运营数据）和外部数据（如市场数据、行业报告）。例如，一家银行可能会拥有客户交易历史、信用评分、贷款记录等内部数据，同时也会使用宏观经济数据、竞争对手分析等外部数据来支持其决策。

（2）数据质量评估

数据质量直接影响数据应用的效果。企业必须检查数据的完整性、准确性和一致性，必要时进行数据清洗和预处理。例如，去除重复记录，填充缺失值，纠正格式错误，以确保分析结果的可靠性。

（3）数据需求匹配

基于业务需求分析的结果，企业需要确定哪些数据与业务目标最相关，以及是否需要补充或获取额外数据。例如，如果目标是提高客户满意度，企业可能需要收集更多的客户反馈数据，包括社交媒体评论、客户支持记录和调查结果，以便更全面地理解客户的需求和期望。

3. 场景构思与原型设计

（1）头脑风暴

在明确了业务需求和数据资源之后，企业应该组织跨部门会议，集思广益，提出可能的数据应用场景。这可能涉及使用机器学习预测销售趋势，通过数据挖掘优化供应链，或是利用自然语言处理技术分析客户反馈。

（2）概念验证（POC）

选择最有潜力的场景，设计初步的解决方案，构建最小可行产品（MVP）进行测试。概念验证阶段的目的是快速迭代，测试假设，收集反馈，确保所设想的数据应用能够解决实际问题，并产生预期的业务价值。

（3）用户故事

编写用户故事，描述数据应用如何帮助最终用户或业务部门。例如，"作为销售经理，我希望每天早上收到一份销售预测报告，以便我可以提前调整库存。"用户故事有助于确保场景设计紧密贴合业务需求，同时也为后续的开发和测试提供清晰的指导。

4. 监控与优化

（1）性能监控

一旦数据应用上线，企业需要定期检查其性能，包括数据质量、系统稳定性和用户反馈。这可能涉及设置关键性能指标（KPIs），如数据更新频率、系统响应时间、用户活跃度等，以确保数据应用持续提供价值。

（2）持续迭代

数据应用设计是一个持续优化的过程。企业应定期评估和优化数据应用场景，确保其能够适应业务变化和技术发展。这可能涉及添加新的数据源，更新分析模型，或是改进用户界面，以提高用户体验和应用的实用性。

（3）价值评估

定期评估数据应用对业务的实际贡献，确保投入产出比。这可能包括分析数据应用带来的成本节约、收入增长、效率提升或客户满意度改善。通过价值评估，企业可以确定哪些数据应用产生了最大的影响，从而决定资源的优先级和分配。

5. 扩展与创新

（1）横向扩展

将成功场景推广到更多部门或业务线。例如，如果一项数据应用在销售部门取得了显著成效，企业可以考虑将其扩展到客户服务、供应链管理或产品开发等部门，以实现更大的效益。

（2）纵向深化

在现有场景基础上，增加更深层次的分析或功能，如预测分析、自动化决策等。例如，如果最初的数据应用仅提供了描述性分析，企业可以进一步开发预测模型，预测未来的销售趋势或客户行为，从而支持更加前瞻性的决策。

（3）新技术探索

持续关注数据科学、人工智能等领域的最新技术，探索新的应用场景。例如，随着自然语言处理技术的进步，企业可以利用聊天机器人提供24 * 7的客户支持，或是使用情感分析工具来理解客户的情绪反应，从而改进产品或服务。

通过遵循上述步骤，企业可以系统地设计和实施数据应用场景，利用数据驱动业务增长，提高决策效率和客户满意度。重要的是，数据应用设计应始终围绕业务价值，确保技术解决方案与业务目标紧密相连，同时也要考虑到数据安全、隐私保护和伦理问题，确保数据的合法合规使用。通过持续的优化和创新，企业可以不断提高数据应用的成熟度和影响力，为业务创造更大的价值。图 4-14 是物资采购供应链领域的典型应用场景。

数据大屏	采购总体执行情况	采购效率分析	供应商生命周期大屏	风险预警大屏	贸易业务数据驾驶舱	……
数据报告	采购数据报告	采购数据分析简报	品类分析专题报告	供应商分析专题报告	供应商关联分析报告	
	采购数据报告	供应商全景分析报告	寻源项目报告	库存分析报告	履约风险分析报告	
考核分析数据报表	电子采购率	集中采购率	公开采购率	采购考核指标汇总	采购预算偏差率	
	执行计划占比率	采购计划带码编制率	全电子招标率	外部单一来源采购率	实质性二级集中采购率	
项目分析数据报表	合同综合查询	合同基本信息	合同采购类型	合同采购方式	合同集中采购类型	
	合同内外部采购	单一来源合同采购情况	合同年月分布	合同金额分布	合同签约供应商	
合同分析数据报表	项目基本信息	项目采购类型	项目采购方式	项目金额分布	非招项目采购方式选择原因	
	多次寻源项目基本信息	废旧物资基本信息	品类分析专题报告	供应商分析专题报告	供应商关联分析报告	
计划分析数据报表	年度计划基本信息	年度计划采购类型	年度计划采购方式	年度计划集中采购类型	执行临时计划基本信息	
	执行临时计划采购类型	执行临时计划采购方式	执行临时计划集中未购类型	供应商分析专题报告	供应商关联分析报告	
风险预警数据报表	供应商成立到报名时长情况	小马拉大车情况	供应商网络地址相同	投标人不足续缓评标		
	签订合同超时专项	退还保证金超时	超出设定时间专项	供应商风险频次	各类型风险汇总	
供应商	供应商地域分布	供应商行业分布	供应商报名异常分析	活跃供应商情况	供应商组合报名模型	
评标专家	评标专家基本信息	评标专家单位分布	评标专家地区分布	评标专家抽取次数	评标专家参评率	
贸易业务	贸易业务综合分析	贸易计划报表	贸易库存报表	贸易订单报表	贸易品类分析	
采购电商	机构报表	后台类目报表	商品汇总报表	专区商品发布报表	中核商城综合看板	
更多…	……					

图 4-14 采购供应链领域典型应用场景

五、如何评估数据资源价值

数据资源的价值要和数据资源的应用场景、企业战略、业务运营、管理优化有机地结合起来。评估数据资源应用价值是确保数据投资回报、优化数据使用策略和推动数据驱动决策的关键步骤。以下是一套全面的评估框架，涵盖了经济效益、业务影响、用户体验、技术性能和战略价值等方面，同时我们将细致地探讨每一个评估维度，提供更丰富的示例和分析方法。

（一）经济效益评估

1. 成本节省

① **人力成本**：评估数据应用如何通过自动化和智能化减少人力需求，如自动报告生成、智能客服等，减少人工错误和提高工作效率。

② **库存成本**：分析数据驱动的库存管理如何通过预测分析减少过量库存，避免滞销和库存损耗，同时确保供应稳定，减少紧急采购成本。

③ **能源和资源消耗**：考察数据应用在优化能源使用和资源分配上的效果，如智能建筑管理系统通过数据分析调整能耗，减少浪费。

2. 收入增长

① **销售提升**：评估数据驱动的营销策略如何提高销售转化率，如个性化推荐系统提高用户购买意愿，增加平均订单价值。

② **新市场拓展**：分析数据应用如何帮助企业发现新的市场机会，如通过社交媒体分析识别新兴消费趋势，开拓新客户群体。

③ **增值服务**：考察数据应用如何促成增值服务的开发，如基于用户行为数据推出定制化服务，增加客户黏性和收入来源。

3. 投资回报率(ROI)

① **计算方法**：总收益减去总成本，再除以总成本，得到 ROI 百分比。总收益包括直接收益(如成本节省、收入增长)和间接收益(如品牌价值提升、客户忠诚度增加)。

② **案例分析**：举例说明某企业通过数据应用实现了多少比例的 ROI 提升，以及实现这一提升的具体策略和过程。

（二）业务影响评估

1. 决策质量

① **决策速度**：评估数据应用如何通过实时数据分析和智能决策支持系统加快决策过程，减少等待时间。

② **决策准确性**：考察数据应用在提供全面、准确的信息支持下的决策质量，如风险评估模型减少不良贷款。

③ **创新决策**：分析数据应用如何启发新的业务模式或产品创新，如通过市场趋势预测开发新产品线。

2. 运营效率

① 生产优化：评估数据应用在提高生产效率上的作用，如通过物联网设备监控和预测性维护减少停机时间。

② 供应链优化：分析数据应用如何改善供应链管理，如通过区块链技术提高供应链透明度和可信度。

③ 服务优化：考察数据应用如何提升服务质量和客户响应速度，如通过 AI 客服提高问题解决效率。

3. 风险管理

① 识别风险：评估数据应用在早期风险预警和危机管理上的效果，如通过社交媒体监听及时响应公关危机。

② 量化风险：分析数据应用如何帮助量化不确定性和风险，如通过大数据分析预测自然灾害对供应链的影响。

③ 风险管理策略：考察数据应用如何支持风险管理策略的制定和执行，如通过模拟模型评估不同策略的潜在后果。

（三）用户体验评估

1. 客户满意度

① 客户反馈：收集和分析客户对数据应用的直接反馈，如通过在线调查、社交媒体监听等。

② NPS（净推荐值）：测量客户愿意向他人推荐企业产品或服务的程度，反映客户满意度和忠诚度。

③ 客户忠诚度：评估数据应用如何提高客户复购率和生命周期价值，如通过个性化服务增加客户黏性。

2. 员工满意度

① 工作满意度：考察数据应用如何改善员工的工作环境和条件，如通过数据分析识别工作压力点，改善工作流程。

② 技能提升：评估数据应用在员工技能发展上的作用，如通过数据分析培训提升员工的数据素养和分析能力。

③ 团队协作：分析数据应用如何促进跨部门沟通和协作，如通过共享数据平台实现信息透明和协同工作。

3. 用户采纳率

① **使用频率**：监测数据应用的使用频率，评估其在用户日常工作中的重要性和依赖程度。

② **深度使用**：分析用户是否充分利用数据应用的所有功能，识别功能使用不足的原因。

③ **持续使用**：评估用户对数据应用的持续使用情况，识别长期使用障碍和用户流失原因。

（四）技术性能评估

1. 数据质量

① **数据准确性**：定期检查数据的准确性，确保数据无误，如通过数据校验和数据清洗流程。

② **数据完整性**：评估数据的完整性，确保数据集包含所有必要信息，如通过数据完整性检查和数据补全策略。

③ **数据及时性**：监测数据的更新频率，确保数据的实时性和相关性，如通过数据流处理和实时数据同步。

2. 系统性能

① **响应速度**：测量数据应用的响应时间，确保用户操作的流畅性，如通过性能测试和优化服务器配置。

② **处理能力**：评估数据应用在高负载下的处理能力，确保系统稳定性和可扩展性，如通过压力测试和负载均衡策略。

③ **系统稳定性**：监测数据应用的故障率和恢复时间，确保业务连续性，如通过冗余设计和灾难恢复计划。

3. 安全性与合规性

① **数据保护**：评估数据应用在防止数据泄露和未经授权访问方面的安全性，如通过加密技术和访问控制策略。

② **隐私保护**：考察数据应用在处理个人数据时的隐私保护措施，如遵守GDPR 和其他地区隐私法规。

③ **法规遵从**：分析数据应用在遵守行业标准和法规要求上的表现，如通过合规性审计和法规更新监控。

（五）战略价值评估

1. 竞争优势

① **市场定位**：评估数据应用如何强化企业在市场中的定位，如通过数据分析支持差异化竞争策略。

② **品牌价值**：考察数据应用在提升企业品牌认知度和信任度上的作用，如通过数据分析优化品牌传播策略。

③ **市场份额**：分析数据应用如何帮助企业扩大市场份额，如通过市场趋势预测指导市场扩张策略。

2. 创新与敏捷性

① **创新孵化**：评估数据应用在促进内部创新和孵化新业务模式上的作用，如通过数据分析激发新想法和实验。

② **市场响应速度**：考察数据应用如何帮助企业快速响应市场变化，如通过实时数据分析优化供应链响应。

③ **技术领先**：分析数据应用在保持技术领先地位上的贡献，如通过持续的数据科学和 AI 研发投入。

3. 长期规划

① **业务模式创新**：评估数据应用如何推动企业业务模式的创新和转型，如通过数据驱动的订阅服务模式。

② **市场扩张**：考察数据应用在支持企业国际市场扩张上的作用，如通过数据分析识别全球市场机会。

③ **技术投资决策**：分析数据应用如何指导企业未来的科技投资决策，如通过数据洞察识别关键技术趋势。

（六）方法论与工具

1. 基准对比

① **行业标杆**：定期收集和分析同行业内的数据应用案例，识别最佳实践和创新点。

② **历史数据**：利用企业内部的历史数据进行趋势分析，识别数据应用带来的变化和改进。

③ **标杆管理**：设立明确的标杆目标，定期评估数据应用是否达到或超过这些目标。

2. KPIs 与指标

① **关键绩效指标(KPIs)**：定义与数据应用相关的 KPIs，如客户满意度、成本节约额、收入增长率。

② **量化指标**：设定可量化的指标，如转化率、点击率、留存率，以评估数据应用的效果。

③ **目标设定**：根据企业战略目标设定数据应用的具体目标，如一年内提高客户满意度 10%。

3. A/B 测试

① **实验设计**：设计 A/B 测试方案，随机分配用户到对照组和实验组，确保测试的有效性和公正性。

② **结果分析**：分析 A/B 测试结果，评估数据应用策略的效果差异，识别最佳实践。

③ **迭代优化**：根据测试结果，持续优化数据应用策略，如调整算法参数、优化用户体验设计。

(七) 持续监测与优化

1. 定期评估

① **评估周期**：设定定期评估数据应用的周期，如每季度或每年进行一次全面评估。

② **评估团队**：成立专门的评估团队，负责数据应用的监测和评估工作，确保评估的系统性和专业性。

③ **评估报告**：撰写详细的评估报告，总结数据应用的表现，识别问题和机遇，提出改进建议。

2. 反馈循环

① **用户反馈机制**：建立用户反馈渠道，收集用户对数据应用的直接反馈，如通过用户论坛、在线调查。

② **利益相关者沟通**：定期与数据应用的利益相关者沟通，包括业务部门、IT 部门和高级管理层，确保所有方的参与和意见被考虑。

③ **迭代改进计划**：基于反馈和评估结果，制定数据应用的迭代改进计划，确保持续优化和创新。

（八）文化与组织变革

1. 数据驱动文化

① **数据素养培训**：开展数据素养和分析技能培训，提升员工的数据意识和分析能力。

② **决策文化转变**：推动从基于直觉的决策向基于数据的决策转变，确保数据在决策过程中的核心地位。

③ **创新文化培育**：鼓励创新思维和实验精神，支持数据驱动的新业务模式和产品创新。

2. 组织适应性

① **组织结构调整**：根据数据应用的需要，调整组织结构，如设立数据科学团队或首席数据官职位。

② **工作流程优化**：优化工作流程，确保数据应用能够无缝融入日常业务流程，提高效率。

③ **团队协作模式**：促进跨部门的团队协作，如建立数据共享平台，实现信息透明和知识共享。

通过上述详尽的评估框架，企业可以全面了解数据资源应用的实际价值和影响，识别成功的案例和存在的问题，为未来的数据战略规划和资源分配提供坚实的基础。评估过程本身也是一个持续的学习和改进过程，通过定期的监测和优化，企业可以不断提升数据应用的价值和效率，推动业务持续增长和创新。

六、数据治理如何促进数据资源化

数据治理是确保数据质量、可用性、安全性和价值的关键过程，它对于将数据转化为有价值的资源至关重要。以下是数据治理促进数据资源化的主要方面：

1. 数据治理：构建数据信任的基础

数据治理是一种企业级的策略，旨在通过制定和实施一系列政策、标准和程序，确保数据的完整性、质量和安全性。它涉及多个关键领域，包括但不限于数据管理政策、数据架构、数据标准、数据质量、数据安全和数据生命周期管理。数据治理的目标是确保数据资源能够被正确地识别、管理和使用，从而支持业务决策、优化运营和促进创新。

2. 数据质量：确保数据的可靠性和价值

数据质量是数据治理的核心组成部分，直接影响数据的可靠性、一致性和准确性。高质量的数据能够提升业务流程的效率，降低风险，并支持更明智的决策。数据质量的维护通常包括数据清洗、数据验证、数据监控以及数据审计等关键活动。

① 数据清洗：这是一个去除重复项、纠正错误和填补缺失值的过程，以确保数据的准确性和完整性。

② 数据验证与校验：通过设置数据验证规则，比如数据类型、范围和格式，确保数据符合预设的标准和规范。

③ 数据质量监控：持续监测数据质量指标，及时发现和解决质量问题，防止数据退化。

④ 数据审计：定期对数据质量进行评估，确保数据遵循既定的质量标准和政策。

3. 数据标签（分类）：提升数据可访问性和价值

数据标签，也称为数据分类，是将数据集按照特定属性或标准进行分组的过程。这有助于组织数据，使其更易于查找和使用。数据分类通常基于数据的敏感性、业务价值或使用场景。良好的数据分类体系能够帮助数据治理团队快速定位所需数据，同时为数据安全策略提供依据，确保敏感数据得到适当级别的保护。

4. 数据集成与共享：促进数据流动和协作

数据集成和共享是数据治理中至关重要的环节，旨在消除数据孤岛，促进跨部门或跨组织的数据交流。数据集成涉及将来自不同源的数据合并到统一的视图中，以便进行综合分析和决策。数据共享则是在确保数据安全和隐私的前提下，使数据能够在不同的业务单元或外部合作伙伴之间流通。

① **数据集成**：通过数据湖、数据仓库或数据虚拟化等技术，整合异构数据源，为用户提供统一的数据访问界面。

② **数据共享**：制定数据共享政策，包括数据使用许可、访问控制和数据脱敏处理，以支持内部协同和外部合作。

数据治理、数据质量、数据分类和数据集成与共享是数据资源化过程中的关键要素。它们共同构成了一个综合性的框架，旨在最大化数据的价值，同时确保

数据的可用性、安全性和合规性。通过有效的数据治理实践，企业不仅能够提高业务效率和决策质量，还能够增强客户信任，促进创新和增长。

第三节　数据资源管理工具

数据资源管理工具是企业信息化和数字化转型的关键组成部分，其核心作用在于系统化地控制和优化数据资产的全生命周期，从数据的采集、存储、处理、分析到最终的归档或删除。这些工具通过提供数据目录、元数据管理、数据质量检查、数据血缘追踪、数据安全及隐私保护等功能，帮助企业确保数据的准确性、完整性和一致性，同时满足合规要求。更重要的是，数据资源管理工具促进了数据的可发现性和可访问性，使得数据能够被有效地集成和共享，支持数据分析和业务智能，从而驱动更明智的决策制定和业务流程优化，最终实现数据驱动型企业的愿景。

一、数据资源管理平台架构设计

数据资源管理平台是现代企业数据战略的核心，它融合了数据采集、存储、处理、分析、安全、治理等多功能于一体，旨在确保数据资源的有效管理和高效利用。以下是数据资源管理平台技术架构的常见组件：

1. 数据采集层：汇聚数据的力量

数据采集层是数据资源管理平台的入口，负责从各种数据源中抽取数据，包括传统的数据库、云存储、IoT 设备、社交媒体、日志文件等。这一层通常由数据源连接器和数据提取工具构成。

① **数据源连接器**：支持广泛的接口和协议，确保能够无缝接入不同类型的源数据，如 JDBC、ODBC、REST API、MQTT 等。

② **数据提取工具**：具备批处理和流式数据捕获能力，如 Apache Nifi、Flume，用于高效、实时地收集数据，同时处理数据量级从小到大的变化。

2. 数据存储层：构建稳固的数据基石

数据存储层负责数据的持久化，提供多种存储选项以适应不同类型和规模的数据集。

① **分布式文件系统**：如 Hadoop HDFS，适合海量非结构化数据的存储，具有高容错性和可扩展性。

② **数据仓库**：如 Amazon Redshift、Google BigQuery，针对结构化数据的分析需求，提供高性能的查询能力。

③ **NoSQL 数据库**：如 MongoDB、Cassandra，面向大数据和实时应用，提供灵活的数据模型和高并发访问。

④ **关系型数据库**：如 MySQL、PostgreSQL，适用于事务处理和需要强一致性的场景。

3. *数据处理层：释放数据潜能*

数据处理层是数据资源管理平台的心脏，承担着数据清洗、转换、整合和分析的任务。

① **批量处理引擎**：如 Apache Spark、Hadoop MapReduce，能够执行复杂的 ETL(Extract-Transform-Load)流程和数据聚合任务。

② **流处理引擎**：如 Apache Kafka Streams、Apache Flink，支持实时数据流的处理，实现低延迟的数据分析。

③ **数据转换工具**：如 Talend、Informatica，提供图形化界面和丰富的转换组件，简化数据处理逻辑的开发。

4. *数据治理层：确保数据质量与合规*

数据治理层聚焦于数据的元数据管理、数据血缘追踪、数据质量保证和合规性监控。

① **元数据管理**：记录数据的来源、格式、更新频率、所有权等信息，帮助用户理解数据的含义和用途。

② **数据目录**：构建数据资产的索引，提供数据搜索和推荐功能，增强数据的可发现性和可重用性。

③ **数据血缘追踪**：记录数据从源到目的的流转路径，便于追踪数据变化和影响分析。

④ **数据质量工具**：监测数据的完整性、准确性和一致性，及时发现和修复数据质量问题。

5. *数据安全与隐私保护：守护数据防线*

数据安全层确保数据在存储、传输和使用过程中的安全性和隐私保护。

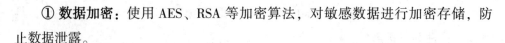

① **数据加密**：使用 AES、RSA 等加密算法，对敏感数据进行加密存储，防止数据泄露。

② **访问控制**：实施细粒度的访问权限管理，如 RBAC（Role-Based Access Control），确保数据访问的可控性和合规性。

③ **数据脱敏**：在数据共享和分析前，对个人身份信息进行脱敏处理，保护用户隐私。

6. 数据分析与可视化层：洞察数据价值

数据分析与可视化层提供工具和平台，支持数据的深入探索和业务智能。

① **BI 工具**：如 Tableau、Power BI，用于数据的可视化展示和交互式分析，帮助用户快速理解数据趋势和模式。

② **机器学习平台**：如 TensorFlow、PyTorch，支持数据科学家构建和部署预测模型，实现智能决策。

③ **数据探索工具**：如 Pandas、Jupyter Notebook，提供灵活的数据处理和探索环境，加速数据科学实验。

7. 管理与监控层：保障系统健康

管理与监控层确保数据资源管理平台的稳定运行和高效性能。

① **运维管理**：包括集群管理、资源调度、任务监控，实现自动化运维和故障恢复。

② **性能监控**：监控系统资源使用情况，如 CPU、内存、磁盘 I/O，及时发现性能瓶颈。

③ **日志与审计**：记录系统操作日志，支持安全审计和合规性检查，确保数据操作的可追溯性。

8. 用户界面与服务层：优化用户体验

用户界面与服务层提供直观的操作界面和 API 服务，方便用户与数据资源管理平台进行交互。

① **Web 门户**：提供统一的数据访问和管理门户，支持数据查询、分析和下载，提升用户效率。

② **API 服务**：开放 RESTful API，允许第三方应用和服务接入平台，实现数据的集成和共享。

9. 云原生与弹性伸缩：应对未来挑战

数据资源管理平台采用云原生架构，确保系统的弹性和可扩展性。

① 容器化与编排：利用 Docker 和 Kubernetes 进行应用容器化，实现资源的高效利用和弹性伸缩。

② 云服务集成：与公有云或私有云服务深度集成，利用云存储、计算和网络资源，实现按需扩展和成本优化。

数据资源管理平台的技术架构设计旨在构建一个全面、高效且灵活的数据治理体系，能够支持企业级的数据管理和分析需求，同时保证数据的安全性和合规性。随着技术的不断演进和业务需求的变化，这一架构也需要持续迭代和优化，以适应新的数据处理和分析挑战。通过精心设计和实施，数据资源管理平台将成为企业数字化转型和数据驱动决策的关键支柱。

二、数据资源管理平台功能设计

数据资源管理平台（Data Resource Management Platform，简称 DRMP）是现代企业数据战略的核心组成部分，旨在整合、管理和优化各类数据资产，以支持决策制定、业务运营和创新。DRMP 的关键功能和组件，包括但不限于数据集成、数据治理、数据分析和报告、数据安全以及系统管理和监控。见图 4-15。

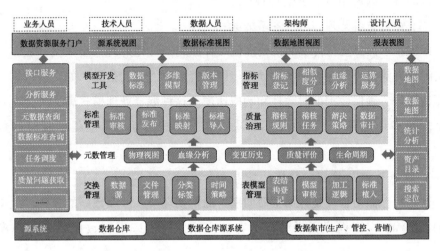

图 4-15　数据资源管理平台

1. 数据集成与采集：汇聚数据之海

在数字化时代，数据如同无边无际的海洋，来自四面八方，形态各异。为了有效地驾驭这股数据洪流，数据资源管理平台（DRMP）必须拥有卓越的数据集成能力，确保能够从多元化的数据源中捕获并整合信息。以下是对这一核心功能的详尽描述。

（1）数据源连接器：万能的接口桥梁

DRMP 需要支持广泛的数据源连接器，这些连接器扮演着数据采集和集成过程中的重要角色。通过兼容如 JDBC（Java Database Connectivity）、ODBC（Open Database Connectivity）等标准数据库接口，以及 SFTP（Secure File Transfer Protocol）和各类 APIs（Application Programming Interfaces），DRMP 能够无缝对接各种数据库、文件系统、云存储服务、物联网设备乃至社交媒体平台，实现数据的全面覆盖。

（2）数据抽取与清洗：ETL 的力量

数据的原始状态往往杂乱无章，存在缺失值、错误格式等问题。ETL 工具（Extract，Transform，Load）的运用，旨在自动化地从源头抽取数据，对数据进行清洗和转换，最后加载至目标系统中。这一过程确保了数据的一致性和适用性，为后续的分析和使用打下了坚实的基础。

（3）实时与批处理：双管齐下的数据处理

DRMP 不仅要支持传统的批处理模式，即周期性地处理大量数据，还需要具备实时数据流处理的能力。实时处理能够捕捉瞬息万变的信息，如交易数据、传感器数据等，确保数据的时效性和响应速度。这种混合处理模式满足了企业对数据处理的多元化需求，无论是实时决策还是历史分析，都能得到及时的数据支撑。

2. 数据存储与管理：数据的安身立命之所

数据的存储与管理是数据生命周期中的重要环节，涉及数据的存放、组织和维护。DRMP 应当提供灵活多样的存储方案，以适应不同数据类型和规模的要求。

（1）多层次存储：适应多样化的数据需求

DRMP 应具备多层次的存储架构，包括关系型数据库、NoSQL 数据库、数据仓库和数据湖。关系型数据库适用于结构化数据的事务处理和查询；NoSQL 数据库则针对大规模非结构化或半结构化数据的高效存储和检索；数据仓库用于汇总和分析历史数据，而数据湖则提供原始数据的低成本存储，为大数据分析和机器学习提供丰富的数据源。

（2）数据索引与搜索：快速定位，精准检索

构建数据目录和索引是优化数据检索效率的关键。DRMP 应该支持元数据管理和自动索引功能，使用户能够迅速定位所需数据，减少查找时间，提升工作效率。高效的搜索能力对于数据科学家、分析师和业务用户来说至关重要，它确保了数据的易用性和价值最大化。

（3）数据生命周期管理：从生到灭的全程守护

数据生命周期管理是指从数据产生、使用、存储到最终归档或销毁的全过程管理。DRMP 需要实施数据保留政策，根据法律法规和业务需求设定数据保存期限，同时执行数据归档策略，将不再频繁使用的数据转移到成本更低的存储介质中，确保数据的长期可用性和合规性。

3. 数据治理与质量：数据健康的守护神

数据治理和质量是确保数据可信度和使用价值的前提条件。DRMP 在这一领域的作用不可小觑。

（1）元数据管理：数据的身份证

元数据是关于数据的数据，它记录了数据的来源、格式、更新频率、所有权、使用权限等关键信息。良好的元数据管理能够增强数据的可理解性和可追溯性，帮助数据使用者更好地解读数据含义，同时也便于数据管理员进行数据资产管理。

（2）数据质量监控：持续的健康检查

数据质量直接影响到业务决策的准确性和效率。DRMP 应具备数据质量监控机制，定期对数据的完整性、准确性和一致性进行检查，及时发现并纠正质量问题。这包括检测数据的重复、缺失或异常情况，并采取相应的数据清洗措施，确保数据的健康状态。

（3）数据血缘追踪：数据之旅的记录者

数据血缘是指数据从产生、流转到消费的整个过程的记录。DRMP 应当提供数据血缘追踪功能，记录数据从源头到各个目标系统的流转轨迹，这对于数据问

题的诊断和解决至关重要。当数据出现异常时，血缘追踪能够帮助快速定位问题源头，减少排查时间和成本，提升数据治理的效率。

4. 数据安全与合规：守护数字资产的坚盾

在数字化转型的时代背景下，数据被视为企业最为宝贵的资产之一。然而，数据的存储、处理和传输过程中面临的威胁也日益增多，包括但不限于网络攻击、内部误操作、法规遵从挑战等。因此，建立一套完善的数据安全与合规体系变得至关重要。以下是该体系中的几个关键组成部分。

(1) 数据加密：构建不可破的密码防线

数据加密是对数据进行编码的过程，确保即使数据被未授权访问者截获，也无法读取其内容。这一措施特别针对敏感信息，如财务数据、客户个人信息等，采用先进的加密算法，在数据存储和传输过程中对其进行加密。加密密钥则由专门的安全团队严格管理，确保只有经过身份验证的用户才能解密和访问数据。

(2) 访问控制与审计：确保每一步操作都合规

基于角色的访问控制(RBAC)是一种有效的访问管理策略，它根据员工的工作职责授予相应的数据访问权限。例如，财务部门的人员可以访问财务数据，而市场营销团队则可能只能查看市场分析报告。此外，所有的数据访问和修改操作都会被记录在审计日志中，便于追踪任何可疑活动，确保数据操作的透明度和合规性。

(3) 数据脱敏：保护隐私的隐形斗篷

数据脱敏是指在不影响数据使用的情况下，去除或替换掉可识别个人身份的信息。这对于需要在不同部门之间共享数据，或者用于测试和开发环境的情况尤为重要。通过使用如模糊化、假名化等技术，可以确保敏感信息不被泄露，同时满足数据分析的需求，平衡了数据利用与个人隐私保护之间的关系。

5. 数据分析与报告：解锁数据智慧的钥匙

在海量数据面前，如何提取有价值的信息成了一项挑战。数据分析与报告模块正是为此而设计，帮助组织深入理解数据，做出基于数据驱动的决策。

(1) 自定义仪表板：个性化视角下的数据洞察

自定义仪表板允许用户根据自己的需求设置数据视图，通过实时更新的关键绩效指标(KPIs)、图表和趋势线，为用户提供一目了然的业务概览。这种个性化展示方式不仅提高了数据的可读性，还增强了用户的参与感和决策信心。

（2）高级分析工具：智能引擎下的未来预测

集成的机器学习和 AI 算法为高级数据分析提供了强大的支持。这些工具可以执行复杂的统计分析，发现隐藏在数据中的模式，甚至进行预测性分析。例如，通过历史销售数据预测未来的市场趋势，或通过用户行为分析预测客户流失率，从而提前采取措施。

（3）报告与可视化：数据故事的讲述者

除了实时监控，数据分析模块还支持生成详细的报告和图表，这些报告可以根据特定的时间段、产品线或地理位置定制，为管理层提供深度分析，辅助战略规划。数据可视化技术将抽象的数字转化为直观的图形，使得复杂的信息更容易理解和传达。

6. 数据共享与协作：编织无缝连接的数据网

在现代企业环境中，数据的流动性和协作性成为了提高生产力和创新能力的关键。数据共享与协作模块致力于打破数据孤岛，促进数据的自由流通和跨部门合作。

（1）数据服务 API：开放接口下的数据民主化

RESTful API 作为数据共享的核心机制，允许应用程序以标准化的方式访问和操作数据。无论是内部系统还是外部合作伙伴，都可以通过 API 获取所需的数据，实现数据的即时集成和应用，极大地提升了数据的可用性和灵活性。

（2）数据订阅与推送：实时信息的即时送达

数据订阅功能让用户能够及时接收到所关心的数据更新通知。无论是市场动态、库存变化还是客户反馈，用户都可以通过电子邮件、短信或应用内消息接收实时提醒，确保信息的即时性和准确性。

（3）协作平台：共创数据价值的社区

构建一个数据共享和协作的平台，鼓励跨部门之间的沟通和知识共享。在这个平台上，用户可以分享数据见解、分析方法和最佳实践，促进数据文化的形成，激发新的创意和解决方案，共同推动数据驱动的业务增长。

7. 运维与监控：保障系统稳健运行

运维与监控是数据资源管理平台（DRMP）不可或缺的一部分，它确保了系统的高效运行和持续优化，同时也为安全性和合规性提供了坚实的保障。

（1）性能监控：洞察系统健康

性能监控是运维的核心，它通过持续监测系统的关键指标，如 CPU 使用率、内存占用、磁盘输入输出（I/O）速率等，来评估系统健康状况。这些指标反映了系统资源的实时消耗情况，对于预测潜在的性能瓶颈、预防系统故障至关重要。通过设置预警阈值，一旦监测到指标异常，系统可以自动触发警报，及时通知运维团队进行干预，确保 DRMP 的稳定运行。

（2）自动化运维：DevOps 驱动的高效管理

自动化运维是现代 IT 管理的趋势，它利用 DevOps 工具链，实现了从代码部署、系统升级到故障恢复的全自动化流程。通过持续集成/持续部署（CI/CD）管道，新版本的代码可以自动测试、打包并部署到生产环境，显著缩短了从开发到上线的周期。自动化升级机制确保了系统软件的及时更新，而故障恢复流程则能在检测到系统故障时，自动重启服务或切换到备用节点，极大减少了人为干预的需要，提升了系统的可用性和响应速度。

（3）日志与审计：安全与合规的守护者

日志记录了系统的所有操作和事件，包括用户登录、数据访问、系统异常等，是追踪问题和审计合规性的关键资料。DRMP 的日志系统不仅记录了详细的系统日志，还提供了日志检索和分析功能，帮助运维人员快速定位问题原因。同时，日志也是安全审计的重要依据，确保所有操作的可追溯性，符合 GDPR、HIPAA 等法规要求，保障数据的安全性和合规性。

8. 云原生与多云支持：灵活部署，优化资源

随着云计算的普及，云原生架构成为了 DRMP 设计的主流方向，它强调容器化、微服务和自动化，旨在实现资源的高效利用和弹性伸缩。

（1）容器化与编排：Docker 与 Kubernetes 的协同

容器化技术，尤其是 Docker，允许将应用程序及其依赖打包成轻量级、可移植的容器，确保应用在任何环境下都能一致运行。Kubernetes（K8s）作为容器编排工具，能够自动部署、扩展和管理容器化的应用，实现资源的最优分配。DRMP 通过 Docker 和 Kubernetes 的结合，不仅提高了资源利用率，还实现了应用的快速弹性伸缩，确保系统在面对突发流量时仍能保持稳定。

（2）多云策略：跨云环境的无缝切换

多云策略意味着 DRMP 能够跨越不同的云服务商进行部署，利用各云平台的优势，如 AWS 的计算资源、Azure 的存储服务、Google Cloud 的网络设施等。通过多云部署，企业可以根据不同云服务的特点和价格优势，灵活分配数据存储、计算和网络资源，实现成本优化。此外，多云架构还提供了更高的可用性和灾难恢复能力，一旦某个云服务商出现故障，可以迅速切换到其他云环境，保障业务连续性。

数据资源管理平台是现代企业数字化转型的关键组成部分，它通过整合、管理和分析数据，为企业提供决策支持和竞争优势。一个全面的 DRMP 解决方案应当包含上述所有功能，以满足企业在数据驱动时代的需求。然而，实现这一目标需要深入理解业务流程、技术趋势和行业最佳实践，以及持续的创新和优化。

数据资产的价值在于其对组织或企业产生的经济效益和战略意义。在数字化时代，数据已经成为一种核心资源，与传统的实物资产一样，数据资产可以为企业带来价值增值。比如，在交通物流领域，数据资产的价值主要体现在提升运营效率、降低成本、优化客户体验和促进创新等方面。随着大数据、物联网(IoT)、人工智能(AI)等技术的发展，交通物流行业产生了海量的数据，包括运输路径、车辆位置、货物状态、天气条件、交通流量等，这些数据如果得到妥善管理和分析，将为企业带来巨大的价值。

数据治理对数据资产的应用具有重要作用，它为数据资产提供结构和保护，确保数据的健康、安全和高效利用。通过设定数据质量标准、实施数据安全措施、明确数据所有权和访问权限，数据治理保证了数据资产的准确性和可靠性。它还通过数据分类、元数据管理和数据血缘追踪，使数据资产易于发现、理解和使用，同时促进跨部门的数据共享与协作。数据治理还关注数据的生命周期管理，从数据的产生到销毁，确保数据的合规性和长期价值。最重要的是，数据治理培育了一种数据驱动的文化，鼓励组织成员认识到数据的重要性，提升数据素养，从而将数据资产转化为战略优势，推动业务创新和增长。简而言之，数据治理是数据资产管理的基石，它确保数据资产能够为企业创造最大价值。

第一节　数据资产管理体系框架

数据资源向数据资产的转变，标志着企业从传统管理方式迈向数字化时代的重大转型。这一转变不仅仅是技术层面的升级，更是企业战略、组织架构、流程制度以及文化理念的全方位革新。本节主要阐述从数据资源管理到数据资产管理后，数据管理组织、数据管理制度和数据价值管理的变革。

1. 战略视角的转变：从成本中心到价值中心

传统上，数据被视为企业运营的副产品，更多地被看作是一种成本负担。然而，在数据资产化的进程中，数据开始被视为一种核心资源，能够为企业创造价值。因此，数据管理的战略定位从成本控制转向了价值创造。企业开始将数据视为资产进行投资，通过数据的收集、分析、应用来驱动业务决策和创新，实现数据的商业价值。

2. 组织架构的变革：从分散到集中

以往，数据管理往往分散在企业各个部门，缺乏统一的管理和协调，导致"数据孤岛"现象严重。数据资产化要求企业建立一个集中的数据治理架构，设立专门的数据管理部门或首席数据官（CDO）职位，负责制定数据战略、政策和标准，协调跨部门的数据使用，确保数据的一致性和质量。这种集中式管理有利于数据的整合、共享和利用，促进数据驱动的决策文化。

3. 流程制度的优化：从被动到主动

在数据资源阶段，数据处理往往是事后或反应式的，缺乏前瞻性。数据资产化促使企业建立一套主动的数据管理流程，包括数据质量控制、数据生命周期管理、数据隐私保护等。企业开始实施数据治理流程，比如定期的数据质量审计、数据合规审查、数据资产盘点等，确保数据资产的健康和安全。此外，数据资产化还要求企业建立数据使用和分享的规范，促进数据的有序流通。

4. 技术工具的升级：从孤立到集成

技术是数据资产化的重要支撑。企业需要从传统的孤立数据存储和处理工具，转向集成化的数据管理平台。这包括建立企业级数据仓库、数据湖、数据集市，采用先进的数据集成工具和数据治理软件，实现数据的自动化采集、清洗、转换和加载。此外，企业还需要引入数据分析和人工智能技术，挖掘数据的深层价值，支持预测分析和决策制定。

5. 人才能力的提升：从单一到复合

数据资产化对人才提出了更高要求，企业需要培养一支既懂业务又懂技术的数据管理团队。这包括数据分析师、数据工程师、数据科学家等多种角色，他们不仅需要掌握数据分析、数据工程、数据建模等专业技能，还要具备业务洞察力和沟通协作能力，能够将数据洞察转化为业务价值。企业应加大对数据人才的招聘和培训力度，构建数据驱动的组织能力。

6. 文化理念的重塑：从封闭到开放

数据资产化要求企业建立一种开放、合作、创新的数据文化。这意味着打破部门壁垒，鼓励跨部门的数据共享和协作，激发员工的数据意识和创新精神。企业应倡导数据驱动的决策，鼓励基于数据的实验和探索，容忍失败，持续迭代，形成一个持续学习和改进的组织氛围。

7. 法规遵从的强化：从忽视到重视

随着数据隐私和安全法规的日益严格，数据资产化要求企业在数据管理中加强法规遵从性。企业需要建立健全的数据保护体系，遵循 GDPR、CCPA 等国际和地方数据保护法规，确保数据的合法收集、使用和传输。这不仅是为了避免法律风险，也是企业社会责任的体现，有助于提升企业声誉和客户信任。

数据资源向数据资产的转变，是一场深刻的企业转型。它要求企业从战略、组织、流程、技术、人才和文化等多个维度进行全面升级，将数据视为企业战略资产进行管理。这一转变虽然充满挑战，但也将为企业带来前所未有的机遇，开启数据驱动的新纪元。通过有效管理数据资产，企业能够更好地洞察市场、优化运营、提升客户体验，最终实现可持续的竞争优势。

一、数据资产管理组织的变革

数据资源向数据资产的转变，是数字化时代企业发展的必然趋势，这一过程不仅意味着技术与工具的更新换代，更涉及企业内部组织架构、岗位设置与职责划分的根本性变革。以下是对这一转变过程中数据管理组织、岗位与职责变化的详细阐述：

1. 组织架构的重构

在数据资源向数据资产转变的过程中，企业原有的组织架构往往无法适应数据管理的新需求。传统的 IT 部门通常负责基础架构和应用系统的运维，而数据的治理、分析与利用则可能分散在各个业务部门中，导致数据孤岛现象严重，数据价值难以充分释放。出现了以下新兴的数据管理组织架构：

①**首席数据官(CDO)办公室**：作为企业高层的决策支持机构，CDO 办公室负责制定数据战略，推动数据治理，监督数据质量和安全，协调跨部门的数据使用，确保数据资产的价值最大化。

②**数据治理委员会**：由来自不同部门的高级管理人员组成，负责审批数据

政策，解决数据争议，推动数据治理文化的建设，确保数据管理决策的跨部门一致性。

③ **数据管理团队**：包括数据治理、数据质量、数据架构、数据安全等职能小组，具体负责数据资产的日常管理和维护工作，确保数据的标准化、一致性和安全性。

2. 岗位角色的演化

随着数据资产化，企业内部的岗位角色也经历了深刻的变革，新兴的数据相关岗位逐渐成为组织中的关键角色。

① **数据架构师**：负责设计和维护企业级数据架构，确保数据平台的技术框架能够支撑数据资产的高效管理和利用。

② **数据工程师**：专注于数据平台的构建和维护，负责数据的采集、存储、处理和分发，确保数据资产的可用性和可靠性。

③ **数据分析师**：运用统计学和数据分析工具，对数据进行深入挖掘，提供业务洞察和决策支持，推动数据驱动的决策文化。

④ **数据科学家**：结合机器学习和人工智能技术，进行高级数据分析，开发预测模型，为企业创造数据价值。

⑤ **数据治理专员**：负责数据治理的具体实施，包括数据质量控制、数据标准制定、数据合规审查等，确保数据资产的健康和安全。

3. 职责范围的拓展

数据资源向数据资产转变，不仅带来了新岗位的诞生，也扩展了原有岗位的职责范围。职责变化示例如下：

① **IT 经理**：从专注于 IT 基础设施运维，转变为负责整体数据平台的构建和运维，包括数据仓库、数据湖、数据集市等，以支持数据资产的管理。

② **业务分析师**：除了传统的业务流程分析，还需具备数据可视化和初步的数据分析能力，能够将数据洞察转化为业务建议，推动业务优化。

③ **项目经理**：在项目管理中融入数据管理要素，确保项目的数据需求得到满足，数据质量得到保证，数据资产得到有效利用。

4. 跨部门协作的强化

数据资产化强调数据的跨部门共享与协作，打破了传统意义上的部门壁垒，推动了企业内部的数据文化变革。以下为跨部门协作的实践：

① **建立数据共享平台**：提供一个统一的数据访问点，使各部门能够轻松获取所需数据，促进数据的高效流通。

② **数据资产目录**：创建企业级的数据资产目录，详细记录数据的来源、格式、更新频率、使用权限等信息，提高数据的可发现性和可理解性。

③ **数据使用培训**：定期组织数据素养培训，提升全体员工的数据意识和数据使用能力，鼓励数据驱动的决策和创新。

5. 数据合规与伦理的关注

随着数据成为企业的重要资产，数据的合规性与伦理问题也日益受到重视，企业需要建立一套完整的数据保护体系，确保数据处理的合法性与道德性。数据合规与伦理的举措如下：

① **数据隐私保护**：遵循 GDPR、CCPA 等数据保护法规，实施严格的数据隐私政策，保护个人数据不被滥用。

② **数据伦理审查**：设立数据伦理委员会，审查数据使用案例，确保数据应用不侵犯人权，不造成社会危害。

数据资源向数据资产的转变，对企业组织架构、岗位设置与职责划分提出了全新的要求。通过构建专业的数据管理组织，设立新兴的数据管理岗位，拓展传统岗位的职责范围，强化跨部门协作，关注数据合规与伦理，企业能够有效管理数据资产，释放数据的真正价值，推动数字化转型，实现可持续发展。

图 5-1 是某集团型企业数据资产管理组织的示例。

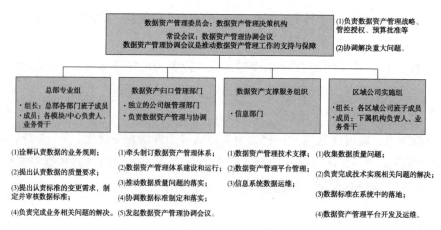

图 5-1 示例某企业数据资产管理组织架构

二、数据资产管理制度的变革

数据资源向数据资产的转变，不仅是技术与工具的革新，更涉及企业数据管理制度和流程的深度变革。这一转变要求企业重新审视和设计其数据管理策略，以确保数据能够作为核心资产被有效利用，进而驱动业务增长和创新。以下是数据管理制度和流程变化的详细描述。

（一）数据治理框架的建立

数据资源向数据资产的转变首先需要建立一个全面的数据治理框架，这是确保数据质量和数据价值实现的基础。数据治理框架包括以下几个关键组成部分：

1. 数据治理政策与标准

制定企业级的数据治理政策，包括数据质量标准、数据安全政策、数据生命周期管理规则等，确保数据管理的一致性和合规性。

2. 数据治理委员会

成立由高层管理者组成的治理委员会，负责监督数据治理政策的执行，解决数据管理中的重大问题，推动数据文化的建设。

3. 数据治理流程

定义数据治理的具体流程，如数据质量控制流程、数据变更管理流程、数据生命周期管理流程等，确保数据管理活动的规范化。

（二）数据质量管理的强化

数据质量是数据资产化的关键，企业必须建立一套全面的数据质量管理体系，包括：

1. 数据质量指标

定义数据质量的关键指标，如准确性、完整性、一致性、时效性等，定期评估数据质量状况。

2. 数据质量审计

实施定期的数据质量审计，识别和修复数据质量问题，确保数据符合预设的质量标准。

3. 数据清洗与标准化

建立数据清洗和标准化流程，消除重复数据，统一数据格式，提高数据的可用性和一致性。

（三）数据安全与合规的加强

数据资产化要求企业加强对数据安全和合规性的管理，以保护数据免受未经授权的访问、修改或泄露。

1. 数据安全策略

制定数据安全策略，包括数据加密、访问控制、数据备份和恢复计划，确保数据资产的安全。

2. 合规性审查

确保数据处理活动符合 GDPR、HIPAA、CCPA 等国内外数据保护法规，定期进行合规性审查，避免法律风险。

（四）数据生命周期管理的优化

数据生命周期管理是数据资产化中的重要环节，涉及数据从产生到消亡的全过程管理。

1. 数据采集与整合

建立数据采集机制，确保数据的全面覆盖和实时性，同时通过数据整合消除数据孤岛，实现数据的统一管理。

2. 数据存储与保护

选择合适的数据存储方案，如数据仓库、数据湖，同时实施数据备份和冗余策略，确保数据的持久性和可用性。

3. 数据使用与分析

定义数据使用政策，促进数据共享和跨部门协作，同时利用数据分析和数据挖掘技术，提取数据价值。

4. 数据归档与销毁

根据数据的业务价值和合规要求，制定数据归档和销毁计划，确保数据生命周期的完整闭环。

（五）数据资产管理的引入

数据资产管理是将数据视为企业资产进行管理的过程，包括：

1. 数据资产登记

建立数据资产目录，记录数据的来源、类型、价值、所有权等信息，便于数据资产的管理和追踪。

2. 数据资产价值评估

定期评估数据资产的价值，包括直接经济价值和间接战略价值，为数据资产的投资决策提供依据。

3. 数据资产优化

通过数据资产的优化配置和利用，提高数据资产的回报率，包括数据的商业化、数据驱动的产品创新等。

（六）数据驱动的决策文化

数据资源向数据资产转变，还需要营造一个数据驱动的决策文化，包括：

1. 数据素养培训

提升员工的数据素养，确保每个人都能够理解数据的重要性，并具备基本的数据分析能力。

2. 数据驱动的决策流程

将数据分析嵌入到决策流程中，确保决策基于数据和事实，而不是直觉或假设。

3. 数据可视化工具

采用数据可视化工具，使数据洞察更加直观易懂，促进数据驱动的沟通和讨论。

数据资源向数据资产的转变，要求企业从制度和流程层面进行全面的改革，建立完善的数据治理框架，强化数据质量与安全，优化数据生命周期管理，引入数据资产管理，营造数据驱动的决策文化。这一系列变革将推动企业更好地利用数据资产，加速数字化转型，实现可持续的业务增长和创新。

数据资产管理制度和流程构成了确保数据资源被有效管理、保护和利用的坚实框架。这一框架不仅涵盖了数据从生成到消亡的整个生命周期，还涉及数据质量、安全、合规性和价值实现的方方面面。以下是数据资产管理制度和流程的详细描述：

（一）数据资产管理制度

1. 数据治理政策

① **制定总方针与目标**：确立数据治理的愿景、使命和目标，包括数据的标准化、安全性和合规性要求。

② **明确角色与责任**：定义数据治理委员会、数据所有者、数据管理员和数据使用者的职责，确保数据管理责任清晰。

③ **组织结构**：构建数据治理组织架构，包括高层决策层、执行层和操作层，确保数据管理活动的协调和执行。

2. 数据分类和分级管理

① **分类依据**：根据数据的重要性和敏感性，将其分为公开、内部、机密等类别。

② **管理策略**：针对不同级别的数据，实施相应的访问控制、加密、备份和恢复策略。

3. 数据质量管理

① **质量标准**：设定数据准确性、完整性、一致性和时效性的标准，确保数据可靠。

② **监控与清洗**：定期进行数据质量审计，执行数据清洗，修复错误和遗漏，提升数据质量。

4. 数据安全管理

① **安全政策**：制定数据安全策略，包括物理安全、网络安全、应用程序安全和数据安全。

② **访问控制与审计**：实施多因素认证，监控数据访问行为，记录和审计数据操作，防范未授权访问和数据泄露。

5. 数据合规性管理

① **法规遵从**：确保数据处理活动遵守 GDPR、CCPA 等国际和国家的数据保护法规。

② **定期评估**：进行合规性审计，评估数据处理流程是否符合最新法律法规要求。

6. 数据生命周期管理

① **生命周期规划**：定义数据的生成、存储、使用、归档和销毁的流程。

② **阶段管理**：根据不同阶段的特点，采取相应的数据保护和管理措施。

（二）**数据资产管理流程**

1. 数据资产识别

资产盘点：识别组织内所有数据资产，包括结构化和非结构化数据，以及数据的来源和用途。

2. 数据资产登记

建立目录：创建数据资产目录，记录数据的元数据，如数据类型、数据位置、更新频率和业务负责人。

3. 数据质量评估

①**质量检查**：定期评估数据质量，使用数据质量工具检查数据的准确性和完整性。

②**问题记录与反馈**：记录数据质量问题，反馈给相关部门，及时纠正。

4. 数据访问和权限管理

①**权限设定**：根据数据分类和分级，设置访问权限，限制数据的访问范围。

②**访问日志**：记录数据访问历史，监控数据使用情况。

5. 数据使用审批

①**审批流程**：数据使用前需经过审批，确保数据使用符合业务需求和合规要求。

②**使用协议**：签署数据使用协议，明确数据使用的条件和限制。

6. 数据监控与审计

①**监控工具**：部署数据监控工具，实时监测数据状态和异常活动。

②**定期审计**：进行定期的数据安全和合规性审计，确保数据管理活动符合政策和法规。

7. 数据维护与更新

①**定期更新**：根据业务需求，定期更新数据，保持数据的时效性和相关性。

②**版本控制**：实施数据版本控制，确保数据变更的可追溯性。

8. 数据销毁与归档

①**归档策略**：制定数据归档策略，保存具有历史价值的数据。

②**销毁流程**：根据数据生命周期管理要求，安全销毁不再需要的数据，确保数据销毁过程不可逆且符合法规。

通过上述数据资产管理制度和流程的实施，组织能够确保数据资产的有效管理，提升数据质量和安全性，促进数据的合规使用，同时最大化数据资产的价值，支持业务决策和创新。这不仅有助于提升企业的竞争力，还能在日益严格的监管环境下，维护企业的声誉和合法性。数据资产的管理不再是 IT 部门的孤立任务，而是贯穿于企业各个层面的综合管理活动，需要跨部门的协作和高层领导的支持。

三、数据资产管理绩效的建立

建立数据资产绩效体系是数字化转型时代企业确保数据资产能够持续创造价值的核心策略。这一体系的构建，需要企业从战略高度出发，明确目标，量化指标，设计合理的评估流程，并建立持续优化机制。以下是对这一过程的详细阐述。

1. 明确目标和愿景

（1）确定数据资产目标

数据资产目标的设定应当围绕企业的核心业务和战略方向展开，旨在通过数据资产的优化管理，提升企业的核心竞争力。这些目标可能包括但不限于：

① **提高数据质量**：确保数据的准确性、完整性、一致性和时效性，减少数据错误和冗余，提升数据可信度。

② **提升业务效率**：通过数据驱动的决策和流程优化，减少不必要的业务流程，提高工作效率和响应速度。

③ **增强决策能力**：利用数据洞察和分析，为管理层提供数据驱动的决策支持，提升决策的准确性和效率。

④ **促进创新**：鼓励基于数据的创新思维和产品开发，探索新的商业模式和市场机会。

⑤ **增加营收**：通过数据资产的高效利用，开发新的收入来源，提升客户体验，增加销售和市场份额。

（2）愿景陈述

构建清晰的数据资产愿景，是确保所有利益相关者对数据资产目标有共同理解的关键。愿景应当传达出数据资产对于企业未来发展方向的重要性，激发员工对数据价值的认识和热情。愿景陈述应简洁有力，易于传播，同时要包含对数据资产长期价值的展望，以及如何通过数据资产推动企业变革和增长。

2. 定义关键绩效指标（KPIs）

（1）量化指标

选择能够客观反映数据资产健康状况和价值创造能力的关键绩效指标是至关

重要的。这些指标应覆盖数据资产的多个维度,包括但不限于:

① **数据质量指标**:如数据准确性、完整性、时效性和一致性。

② **数据使用指标**:数据的访问频率、数据查询响应时间和数据更新频率。

③ **数据价值指标**:数据驱动决策的比例、数据项目投资回报率(ROI)、数据资产对公司收入的贡献等。

④ **数据治理指标**:数据治理政策的执行情况、数据合规性、数据安全事件的数量等。

(2)目标设定

为每个 KPI 设定具体、可衡量的目标值,这些目标应既具有挑战性,也应是切实可行的。目标的设定需要考虑企业的实际情况和行业标准,同时也应留有空间,鼓励团队追求卓越。

3. 设计评估流程

(1)定期评估

制定定期的评估计划,如季度或年度评估,以系统性地检查数据资产的绩效是否达到设定的目标。评估应涵盖所有关键绩效指标,确保数据资产的整体健康状况得到全面监测。

(2)数据收集

确保有适当的数据收集和分析机制来跟踪 KPIs 的表现。这可能需要利用数据仓库、数据湖、数据治理工具以及数据分析软件等技术手段,确保数据收集的准确性和实时性。

(3)报告与反馈

建立报告机制,定期向管理层和利益相关者报告数据资产的绩效情况,包括 KPIs 的当前状态、趋势分析以及与目标的差距。报告应包含具体的行动建议和改进措施,以促进持续改进。同时,应设立反馈机制,鼓励所有利益相关者参与数据资产绩效的讨论,共同寻找提升数据资产价值的途径。

4. 实施绩效优化

(1)持续改进

绩效优化是数据资产绩效体系中不可或缺的一环,旨在通过持续改进数据资产管理的各个环节,提升数据价值和效能。这一过程依赖于对绩效评估结果的深入分析，识别数据资产管理中的瓶颈和不足，从而有针对性地采取措施进行优化。

①**识别瓶颈**：通过对关键绩效指标（KPIs）的定期分析，识别影响数据资产绩效的瓶颈所在。这可能包括数据质量低下、数据处理效率低、数据使用受限等问题。

②**解决问题**：一旦识别出问题，就需要制定具体的行动计划来解决这些问题。这可能涉及改进数据治理流程、提升数据质量控制、优化数据存储和访问机制等方面。

③**提升数据价值**：持续改进的目标之一是提升数据资产的内在价值。这可以通过增加数据的使用频率、提高数据的分析深度、推动数据驱动的决策等方式实现。

（2）技术创新

技术创新是推动数据资产绩效提升的重要驱动力。企业应积极采用最新的数据分析技术和工具，如人工智能（AI）和机器学习（ML），以提高数据资产的分析能力和价值。

①**AI 和机器学习**：利用 AI 和 ML 技术，企业可以自动识别数据模式、预测趋势、进行高级数据分析，从而揭示隐藏在大量数据中的洞察，为业务决策提供强有力的支持。

②**自动化与智能化**：通过自动化数据处理流程和智能分析，减少人工干预，提高数据处理的速度和准确性，从而提升数据资产的整体效能。

5. 合规与风险管理

在数据资产的管理中，合规与风险管理是至关重要的，它确保数据资产的处理活动符合法律法规要求，同时有效管理各种风险，保护数据资产的安全和完整性。

（1）数据合规

①**遵守法规**：确保数据资产的管理符合 GDPR、CCPA 等国内外数据保护法规，以及其他相关行业标准和规定，避免因违规操作带来的法律风险。

②**合规培训**：定期对员工进行数据保护法规的培训，增强数据合规意识，确保数据处理活动合法合规。

（2）风险管理

①**风险识别**：识别与数据资产相关的风险，如数据安全漏洞、数据质量下

降、数据泄露等，制定相应的风险缓解策略。

② **风险评估与控制**：对已识别的风险进行评估，确定其可能性和影响程度，实施有效的风险控制措施，如数据加密、访问控制、数据备份等。

6. 监控与调整

数据资产绩效体系的监控与调整是确保其长期有效性和适应性的关键。

（1）动态监控

① **实时监控**：利用数据分析工具和技术，持续监控数据资产的使用情况、数据质量和性能指标，确保数据资产绩效体系的有效运行。

② **趋势分析**：分析数据资产绩效随时间的变化趋势，识别任何可能影响数据价值和安全性的趋势或异常。

（2）必要调整

① **适应性调整**：根据业务环境的变化和新的数据需求，适时调整数据资产绩效体系，包括 KPIs 的选择、评估流程、优化策略等。

② **反馈循环**：建立反馈机制，定期收集利益相关者的反馈，用于评估数据资产绩效体系的效果，并据此进行必要的调整和优化。

建立数据资产绩效体系是一项复杂而细致的工作，需要企业高层的承诺和跨部门的协作。通过明确目标、量化指标、设计合理的评估流程以及建立持续优化机制，企业可以确保数据资产的管理与使用能够持续创造价值，推动企业向数据驱动的未来迈进。

第二节　数据资产管理的核心内容

数据资产管理是指将数据视为企业的一项关键资产进行管理的过程，其核心内容与数据资源管理有本质区别，数据资产管理更加重视从财务视角管理数据，核心内容包括：如何对数据资产化认责、如何对数据资产进行确权、如何对数据资产进行计价、如何对数据资产进行交易以及如何评估数据资产收益。

一、如何对数据资产化进行认责

数据资产化是将企业拥有的数据转换成可管理和可利用的资产的过程，这一过程涉及数据的识别、分类、保护、利用和价值实现等多个环节。为了有效地实

数据资产：从数据治理到价值蝶变

施数据资产化，企业需要确定哪些部门将承担关键职责，以及如何协调这些部门的工作。

1. 信息技术(IT)部门

IT部门是数据资产化的核心部门，负责数据基础设施的建设和维护。这包括数据的收集、存储、处理和安全防护。IT部门需要确保数据的可用性、完整性和安全性，通过构建稳定的数据平台，为数据的管理和使用提供技术支撑。

2. 数据管理部门

数据管理部门是数据资产化的指挥中心，负责数据的分类、标记、元数据管理、数据质量控制、数据治理政策的制定与执行。数据管理部门需要建立数据治理框架，确保数据资产符合业务需求和合规标准。此外，该部门还负责推动数据标准化，确保数据的一致性和可比性，为数据资产化提供规范指导。

3. 业务部门

业务部门是数据资产化的受益者和贡献者，他们了解业务需求，知道哪些数据对企业最有价值，以及如何使用数据来支持决策和优化业务流程。业务部门需要与数据管理部门紧密合作，确保数据的业务应用场景得到有效实现，同时提供反馈，帮助改进数据质量和服务水平。

4. 财务部门

财务部门在数据资产化中扮演着关键角色，负责评估数据资产的财务价值，包括数据资产的计价、入账和报告。随着数据资产化的发展，财务部门可能需要与国际会计准则接轨，制定新的会计准则和财务报告标准，以准确反映数据资产的价值。此外，财务部门还应参与到数据资产的投资决策中，评估数据项目的成本效益，确保资金的有效利用。

5. 法律与合规部门

法律与合规部门负责确保数据资产化过程中的所有活动都符合相关的法律法规，如欧盟的GDPR、美国的CCPA等数据保护法。他们参与制定数据隐私政策和数据使用协议，确保企业在收集、使用和共享数据时不会侵犯个人隐私权，避免法律风险。

6. 战略规划部门

战略规划部门的任务是将数据资产化战略与企业整体战略相匹配，确保数据资产化能够支持企业的长期发展目标。他们参与制定数据资产化路线图和投资计划，确保数据资产化能够为企业带来预期的业务成果和竞争优势。

7. 人力资源部门

HR 部门在数据资产化中负责培训员工的数据素养，确保所有员工都能够理解数据的重要性，以及如何在日常工作中负责任地使用数据。通过组织数据管理培训和数据伦理教育，HR 部门帮助营造一个数据驱动的企业文化，提高员工的数据处理能力和责任感。

8. 协调机制与跨部门合作

为了确保数据资产化工作的顺利进行，企业通常会设立跨部门的数据治理委员会或者数据资产管理团队。这个团队由来自 IT、数据管理、业务、财务、法律、战略和人力资源等部门的代表组成，负责数据资产化的整体规划、执行和监督。数据治理委员会制定数据资产化的政策和标准，协调各部门之间的合作，解决数据资产化过程中出现的问题和冲突。

数据资产化是一个复杂的、跨部门的过程，需要企业高层的支持和各部门的密切合作。通过明确各部门的职责，建立有效的协调机制，企业可以确保数据资产化工作的顺利进行，最大化数据资产的价值。

二、如何对数据资产进行确权

企业内部数据资产确权是数据资产管理的重要环节，它涉及明确数据的所有权、使用权、收益权以及管理权等，确保数据的合法使用和流通，同时保护数据的产权不受侵害。

1. 数据资产识别与分类：构建数据资产地图

数据资产的识别与分类是企业数据资产管理的基石，这一过程旨在系统性地梳理企业内部所有的数据资源，将其归类整理，以实现对数据资产的有效管控和价值挖掘。

（1）数据盘点：全面识别数据资源

① **全面盘点**：首先，企业需要启动一次全面的数据资源盘点，这涉及对所有存储在企业内部的各类数据进行清查，无论是存储在数据库中的结构化数据，还是散落在各处的非结构化数据，如文档、电子邮件、社交媒体内容等。

② **数据定位**：通过技术手段，如数据扫描工具，辅助人工审核，确保没有遗漏任何数据点，特别是那些零散分布在不同部门或个人手中的数据。

③ **数据记录**：对每一项数据资源进行详细记录，包括数据的存储位置、数据类型、数据格式、数据量大小等基本信息，为后续的数据分类和确权奠定基础。

（2）数据分类：细化数据资产类别

① **分类依据**：根据数据的来源、性质、敏感度和价值等因素，将数据细分为不同的类别。常见的分类包括公共数据、内部业务数据、客户数据、财务数据等。

② **分类目的**：数据分类有助于企业更精细地管理数据资产，为后续的数据确权、数据使用和数据保护策略的制定提供依据。

③ **敏感数据识别**：特别注意识别敏感数据，如个人身份信息、财务信息、商业机密等，这些数据需要更高的安全级别和更严格的访问控制。

2. 制定数据确权规则：明确数据权益边界

数据确权是确保数据资产合理使用、保护数据权益和促进数据流通的关键步骤。

（1）数据所有权

① **确认归属**：大多数情况下，数据的所有权归属于企业，但当涉及客户数据时，必须尊重客户的隐私权，确保数据的收集和使用符合相关法律法规，如GDPR、CCPA等。

② **权利声明**：在数据资产目录中明确标注数据的所有权状态，确保所有相关人员了解数据的归属。

（2）使用权分配

① **权限界定**：明确哪些部门或个人有权访问和使用特定的数据，以及使用数据的具体目的和范围。例如，营销部门可能有权访问客户数据以进行市场分析，但财务部门则无须此类权限。

② **使用指南**：制定数据使用政策，指导员工在合法合规的前提下使用数据，避免滥用或误用数据资源。

（3）收益权确定

① **价值转化**：如果企业通过数据产品或服务创收，需要确定谁有权从数据

产生的收益中获益。这可能涉及数据提供方、数据处理方和数据使用方等多方利益相关者。

② **收益分配**：建立公平合理的收益分配机制，激励数据的贡献者，同时确保企业能够从数据资产中获得应有的回报。

（4）管理责任

① **责任分配**：指定数据的管理责任人，负责数据的日常维护、更新和安全保护。这可能包括数据的定期清理、数据质量的监控、数据安全的保障等。

② **培训与教育**：对数据管理责任人进行培训，提升其数据管理能力和数据安全意识，确保数据资产的健康状态。

3. 数据确权流程：构建数据权益透明体系

数据确权流程是企业数据资产管理的核心环节，旨在明确数据资产的权益归属，规范数据的使用与流通，确保数据权益得到妥善管理和保护。这一流程涉及数据登记、权利声明和权限分配三个关键步骤。

（1）数据登记：构建数据资产地图

① **数据资产目录**：建立一个全面的数据资产目录，作为企业数据资源的"总账本"。这个目录应详尽记录每一项数据资产的关键属性，包括数据的名称、类型、存储位置、创建时间、最近更新时间、负责人或管理团队等信息。

② **属性记录**：每一项数据的属性都需要被准确记录。数据名称确保数据的唯一标识；数据类型区分结构化数据和非结构化数据；存储位置方便快速定位数据；创建时间和更新时间帮助追踪数据的新鲜度；而负责人则是数据管理的关键联系人，负责数据的日常维护和管理。

（2）权利声明：明确数据权益归属

① **权利归属**：在数据资产目录中，对每一项数据资产明确声明其权利归属，包括所有权、使用权、加工权和管理权。

② **所有权**：所有权通常属于企业，但对于涉及个人信息的数据，还需考虑个人的隐私权。

③ **使用权**：使用权涉及数据的使用范围和限制。

④ **管理权**：管理权通常由数据管理部门和数据管家所有。

⑤ **加工权**：加工权一般由数据所有者或数据管理授权。

表5-1以物资采购数据为例，形成相应的权属关系。

表 5-1　数据权益归属关系

数据权属	信息管理部	财务部	物装部	IT 技术部
所有权			√	
管理权	√			
加工权			√	√
使用权		√	√	

（3）权限分配：实施数据访问控制

①**访问控制策略**：基于数据分类和确权规则，设计和实施数据访问控制策略，确保只有授权的人员或系统才能访问特定的数据。这可能包括设置不同级别的访问权限，如只读、编辑、完全控制等。

②**权限分配**：权限分配需根据数据的敏感性和价值来决定，高敏感度的数据应限制访问，而公开数据则可以相对开放。此外，应定期审查和更新权限分配，以适应企业运营和法律法规的变化。

4. 法律与合规性审查：确保数据权益合法合规

在数据确权的过程中，确保数据权益的行使符合所有适用的法律法规至关重要，这包括但不限于国家安全法、个人信息保护法、《通用数据保护条例》（GDPR）等。

（1）合规检查：遵循数据保护法规

①**数据收集与使用**：确保数据的收集、使用和共享严格遵守相关数据保护法规，尤其是对于个人数据的处理，必须遵循 GDPR 等法规关于数据主体权利的规定，如数据访问权、纠正权、删除权等。

②**数据跨境流动**：对于跨国企业而言，还需关注数据跨境传输的合规性，确保数据的国际流动符合双方国家的法律法规要求。

（2）合同审查：保障数据权益

①**数据使用许可**：审查涉及数据使用的合同条款，确保数据使用许可的范围、期限和条件明确无误，且与数据确权规则相吻合。

②**数据共享协议**：对于数据共享，合同应明确双方的权利与义务，包括数据的保密性、数据的使用范围、数据质量保证以及违约责任等。

③**数据权利转让**：在涉及数据权利转让的合同中，需明确转让的范围、条件和期限，以及转让后原权利人的权利保留情况。

5. 内部沟通与培训：强化数据确权意识

在企业内部推行数据确权流程，关键一步是确保所有员工都能理解并遵守相关政策。这不仅涉及政策的广泛宣传，还需要通过系统的培训教育，提升员工的数据素养，使他们成为数据确权的积极参与者。

（1）政策宣传：全员知晓数据确权

① **全员通告**：通过公司内部通信、会议、工作坊等形式，向全体员工详细介绍数据确权政策，强调数据确权对保护企业资产、促进合规运营的重要性。

② **明确责任**：确保每位员工清楚自己在数据确权中的角色和责任，包括数据使用权限、数据保护义务以及违反规定的后果。

③ **持续提醒**：定期发布数据确权的最新动态和案例分析，保持员工对数据确权的关注和警觉。

（2）培训教育：提升数据素养

① **基础知识培训**：开设数据确权基础课程，讲解数据分类、确权规则、数据安全知识等，为员工提供必要的背景知识。

② **实操演练**：组织模拟数据使用场景，让员工实践数据访问请求、数据使用报告撰写等，增强实际操作能力。

③ **专业深化**：针对数据管理、IT、法务等关键岗位，提供更深入的专业培训，包括数据确权法律框架、数据隐私保护技术等。

通过内部沟通与培训，企业能够构建起一支具备数据确权意识和能力的员工队伍，为数据确权流程的顺利实施奠定坚实的人力资源基础。

6. 监控与审计：确保数据确权执行到位

有效的监控与审计机制是数据确权流程中不可或缺的一环，它帮助企业发现并纠正数据确权过程中的偏差，确保数据使用的合规性和数据资产的安全。

（1）定期审计：检验数据确权效果

① **审计计划**：制定详细的审计计划，包括审计周期、审计范围、审计方法等，确保审计的系统性和全面性。

② **目录核查**：定期检查数据资产目录的准确性和完整性，核实数据的属性信息是否更新，确权声明是否符合最新政策。

③ **使用合规性**：审查数据的实际使用情况，检查是否存在超越权限的访问、

未授权的数据共享等违规行为。

（2）异常检测：防范数据滥用风险

① **监控系统**：建立数据访问监控系统，实时监测数据的访问和使用，记录每一次数据交互的详细信息。

② **异常行为识别**：设置异常行为阈值，如短时间内大量数据访问、非工作时间数据修改等，一旦触发立即预警。

③ **快速响应**：对于检测到的异常情况，迅速启动调查流程，评估潜在风险，必要时采取紧急措施，如暂停账户、恢复数据等。

通过监控与审计，企业能够及时发现并纠正数据确权中的问题，持续提升数据管理的合规性和效率。

7. 更新与调整：适应变化，持续优化

数据确权流程并非一成不变，它需要随着内外部环境的变化而不断调整和完善。

（1）政策更新：应对法规与战略变迁

① **法规跟进**：密切关注数据保护法规的最新动态，如 GDPR、CCPA 的修订，及时更新数据确权政策，确保企业始终处于合规状态。

② **战略调整**：当企业战略发生变化，如业务拓展、并购重组等，重新评估数据确权规则，确保数据资产能够有效支持新战略目标。

（2）反馈机制：收集意见，促进迭代

① **员工反馈**：建立匿名反馈渠道，鼓励员工提出数据确权流程中的问题和改进建议，形成正向反馈循环。

② **合作伙伴交流**：与外部数据供应商、客户等进行定期沟通，了解他们的数据使用需求和顾虑，优化数据确权方案。

③ **持续优化**：基于收集到的反馈和审计结果，定期评估数据确权流程的有效性，适时调整策略，提高流程的灵活性和适应性。

8. 应对争议：构建争议解决机制

数据确权过程中难免会出现争议，如何高效公正地解决争议，避免纠纷升级，是数据确权流程成熟度的重要标志。构建程序化处理争议的机制如下：

① **争议上报**：设立争议上报流程，明确争议上报的渠道和时间要求，确保

争议能够及时被记录和处理。

② **调解机制**：建立内部调解小组，由熟悉数据确权政策和法律法规的专家组成，负责争议的初步调解。

③ **仲裁与诉讼**：对于无法内部解决的争议，设定仲裁或诉讼的程序，确保争议双方能够在公正第三方的主持下达成共识。

通过设立争议解决机制，企业能够有效预防和处理数据确权中的争议，维护企业与数据相关方的良好关系，保障数据资产的正常运营。

企业内部数据资产确权是一个持续的过程，需要企业高层的支持和各部门的配合。通过建立完善的数据确权体系，企业不仅可以保护自身的数据资产，还可以提升数据的使用效率和价值，促进数据驱动的业务创新和增长。同时，数据确权也有助于企业建立良好的数据治理文化和对外部合作伙伴的信任，为数据的合法流通和共享打下坚实的基础。

三、如何对数据资产价值评估

目前数据价值评估的思路主要沿用传统资产评估方法，但是注意到各评估方法的适用对象和可行程度存在差异。对于成本法，考虑到成本难以分摊，其适用对象是企业全部数据资产而非特定数据产品，测算结果是数据资产管理的总体投入成本，包括获取成本、加工成本、运维成本、管理成本、风险成本等方面。对于收益法，其适用对象是特定数据应用场景下的数据产品，测算结果是引入数据资产所带来的业务效益变化。市场法以数据定价和数据交易为主要目的，其适用对象同样是单一数据产品，通过对比公开数据交易市场上相似产品的价格，同时考虑成本和预估收益，对数据产品进行价格调整。

对于以上三种方法而言，考虑到数据自身特性，均需对测算结果进行一定程度优化调整，影响因素主要包括数据质量、数据安全、数据应用等。通过构建数据质量和数据安全计分规则，以及数据应用的场景范围、用户数量、使用效果等统计指标，充分考虑数据在不同使用场景和群体中所存在的需求差异，提升数据价值评估的准确性。

从企业的视角看，数据资产价值评估模型对于需要确定数据资产与其他资产相比表现如何的组织是有用的；在数据资产的收集、管理、安全和部署上投资什么；如何在业务交易，如合并和收购、数据联合、在信息交换中表达数据资产的价值。

以下价值模型是已建立的资产评估模型的变体，评估专家和会计师使用这些模型评估传统资产。但是，已经对这些模型进行了调整，以适应数据独特特征的细微差别：数据在使用时不会耗尽。

1. 数据成本价值(CVI)模型

（1）概述

这种方法是将数据资产作为生成、捕获或收集数据所需的财务费用进行评估，还包括一个可选术语，该术语考虑了当此数据资产变得不可用(如损坏、丢失)或被盗(特别是复制)时对业务的影响。当数据资产没有活跃的市场且其对收入的贡献不能充分确定时，这种方法是首选的。此外，该模型还可用于评估数据资产损坏、丢失或被盗的潜在财务风险。

（2）公式

CVI 计算公式如下

$$CVI = \frac{ProExp * Attrib * T}{t}\left\{ + \sum_{p=0}^{n} Lost\ Revenue \right\}$$

式中，$ProcExp$ 为捕获数据所涉及的流程的年化成本；$Attrib$ 为可归因于获取数据的过程费用的部分(百分比)；T 为任何给定数据实例的平均寿命；t 为测量过程费用的时间段；n 为直到数据被重新获取，或直到业务连续性不再受丢失或损坏的数据影响的时间间隔。

（3）用途

由于数据捕获的过程费用部分可能很难确定，因为可能在业务操作过程中收集，在这种情况下，通常是费用。如果分配给获取该数据资产的过程的部分是确定的，这一金额表面上可以作为资产价值而不是费用。还应考虑声誉或竞争风险的成本，如果这些数据被公开披露或被竞争对手窃取。

（4）示例

我们可以考虑数据没有被偷、损坏或丢失的成本价值：设备维护过程每年花费 200 万美元，据确定或估计其中 2%用于获取和收集数据。因此，每年捕获价值 4 万美元的数据，但由于它的使用寿命为 3 年，我们估计它为 12 万美元。

（5）变化因素

① 在确定整个过程费用时，考虑物理过程资产的摊销费用，加上它们的持续运营费用(包括人工)。

② 包括数据的存货持有成本(管理费用)及其购置费用。

③ 为了更好地与已建立的信息论保持一致,用 ln(T) 和 ln(t) 替换这些项,其中 $T>1$ 和 $t>1$。

(6) 好处和挑战

① 好处。CVI 是评估数据替换成本和如果丢失、被盗或损坏的负面业务影响的最佳方法。会计人员喜欢用这种更保守、更稳定的方法来评估大多数无形资产的初始价值。

② 挑战。一些成本因素的评估带有主观性。这些成本很可能已经被支出,因此 CVI 仅仅表示通过将数据从费用转为资产来表达数据的价值。

2. 数据市场价值(MVI)模型

(1) 概述

这种方法着眼于数据资产在开放市场中的潜在或实际财务价值。通常,数据货币化是在贸易伙伴之间进行交易,以换取现金、货物或服务,或其他考虑,如优惠的合同条款和条件。然而,越来越多的公司直接通过托管的数据市场(如 Programmable Web、Quandl、Microsoft Azure Marketplace)或特定行业的数据代理来销售他们的数据。

一般来说,这种市场价值方法不适用于大多数类型的数据,除非它们是经过许可的或以物易物的。然而,随着组织在外部利用数据方面变得更加复杂和积极,他们应该考虑这种方法。

(2) 公式

我们在对这一传统方法进行修改时认识到,大多数数据实际上并没有出售,特别是所有权转移;相反,它是被许可的。因此,评估模型已包含一个降低数据市场可销售性的因素,因为它在市场上变得更加无处不在。这表示为应用于数据资产的假设所有权转移或专有价格的可变折现因子(反向溢价)。MVI 计算公式如下:

$$MVI = \frac{Exclusive\ Price * Number\ of\ Partners}{Premium}$$

式中,Exclusive Price(独家价格)系客户为获得数据的独家访问权而支付的假设价格;Number of Partners(许可人数量)系在数据的使用寿命内许可此数据的潜在参与方的数量；*Premium*（溢价）系利益相关方为独家访问数据而支付的任何给定许可费的倍数。

（3）用途

在考虑通过出售或物物交换将数据货币化时，使用 MVI。理想情况下，首先，使用 CVI 或 EVI 模型确定独占价格——具体地说，将数据资产的完全所有权（或独占权）转让给另一个实体可能需要多少钱；然后，确定或估计在任何给定记录的平均生命周期内，将有多少可能的缔约方许可该数据。确定市场规模的传统市场分析方法也可用于确定可能的数据许可方的数量。

对潜在授权方的额外调查可以确定溢价因素，通过询问"您愿意为独家访问或直接拥有该数据而支付的任何给定授权费的溢价（倍数）是多少？"

（4）示例

表 5-2 所示的这个例子考虑了一个组织的客户忠诚度数据的可营销性。

表 5-2　数据市场价值评估模型

数据类型	数据独家价格	潜在市场规模	超过数据平均生命周期的市场销售百分比	潜在许可人数量	超出许可的所有权溢价	数据市场价值 *MVI*
客户忠诚度计划数据	$1000000	5000 个组织	20%	1000 个许可人	700	$1428571

以上示例说明了我们通常所期望的：MVI 是数据独占值的小倍数。这是因为潜在的被许可方对数据的普遍可用性的了解几乎抵消了被许可方的数量，特别是数据所有权溢价的潜在被许可方的数量。然而，当一个组织的数据成为必要的行业标准数据产品（如信用机构、金融数据经纪人、市场研究组织）时，它可以达到指数 MVI 倍数。

（5）变化因素

① 考虑预期现金流的净现值（NPV）。

② 考虑一下数据所有权转移的情况——虽然这种情况很少。

③ 运行不同组合的模型，或完善和打包数据资产组合。

④ 考虑限制被许可方的数量，以降低保费。

⑤ 数据资产的市场价值可以通过对可比形式的数据进行当前市场评估来确定。

⑥ 考虑衡量稀缺性（参见 IVI 模型）来确定溢价因素。

（6）好处和挑战

① 好处。MVI 对于确定可销售或可交易的数据资产的价值是最有用的。它还可以用于确定数据产品的价格点，或者也可以进行调整，以确保对另一个数据产品收取可接受的许可费用。

② 挑战。对于非市场数据资产，它不是特别适用或有用。它包括高度主观的因素，可能需要进行广泛的市场分析。数据资产的独占价格可能很难确定或估计。

3. 数据的经济价值（EVI）模型

（1）概述

该方法采用传统的收益法进行资产评估，然后减去与数据相关的生命周期费用，从而产生数据资产的财务净值。该方法与 PVI 方法一样，是对数据资产实际价值的实证计算。因此，它更多的是一个落后指标，而不是数据价值的领先指标——除非第一个收入期能够被充分估计。

（2）公式

当一个特定的数据资产被合并到一个或多个产生收入的流程中时，EVI 会考虑收入中已实现的变化，然后对数据的获取、管理和应用成本进行计算，公式如下：

$$EVI = [Revenue_i - Revenue_c - (AcqExp + AdmExp + AppExp)] * T/t$$

式中，$Revenue_i$ 为使用数据资产产生的收入（知情组）；$Revenue_c$ 为不含数据资产的收入（控制组）；T 为任何给定数据、实例或记录的平均预期寿命；t 为执行 EVI 实验或试验的时间。

（3）用途

作为上述 PVI 方法的财务变体，EVI 需要进行一段时间的试验。然而，在这种方法中，收入是唯一的 KPI，价值是货币而不是比率，并且数据资产的生命周期也被考虑在内。首先，衡量使用这些数据与不使用这些数据产生的收入之间的差异；然后，减去数据的生命周期成本；最后，将这个总和乘以数据资产寿命（T）与试验持续时间（t）的比率。在确定 EVI 时，重要的是在试验期间保持收益过程的所有的其他方面不变。

（4）示例

在表 5-3 的数据经济价值评估示例中，确定电子商务网络绩效数据和社交媒体趋势数据的净经济效益。

表5-3　数据经济价值评估示例

信息类型	含数据资产收入的收入	不含数据资产收入的收入	数据采集费用	数据管理费用	数据应用费用	数据预期生命周期	试验时间	*EVI*
电子商务网络性能数据	$25000/月	$22000/月	$500/月（分摊）	$250/月	$1200/月	6个月	3个月	$2100
社交媒体趋势数据	$28000/月	$22000/月	$1000/月（许可）	$200/月	$2000/月	12个月	3个月	$11200

在第一个例子中，捕获和利用电子商务网络性能数据，表面上优化网站性能，产生每月3000元的总收益和1950元的数据生命周期费用，每月净收入为1050元。

在第二个例子中，授权和将社交媒体趋势数据（可能是营销和/或产品推荐引擎）结合起来，每月总收益增加6000元，额外支出增加3200元，净收益略微增加2800元。然而，由于社交媒体数据的效用较长，其*EVI*要大得多。考虑到竞争的IT优先级，整合社交媒体数据似乎是更好的选择。

（5）变化因素

① 只需计算收入差异，而不考虑估计的费用。

② 假设数据的寿命是恒定的。

③ 包括较长寿命的贴现现金流信息，如客户联系数据。

④ 用经济刺激替代公共部门组织的收入。

⑤ 替换 $\ln(T)$ 和 $\ln(t)$，其中 $T>1$ 和 $t>1$，以更好地符合与已建立的信息论保持一致。

（6）好处和挑战

① 好处。*EVI*是一种对数据对顶层和底层贡献的实证分析。除了在以多种方式复制和应用数据时确定与数据相关的费用外，不需要进行功能分析。

② 挑战。*EVI*需要现场试验和估算数据成本的能力。许多传统的企业领导仍然对尝试数据创收过程的当代概念不太认可。*EVI*是一个跟踪指标，尽管结果可以用于对IT和业务计划进行优先排序。

不同行业、不同业态、不同管控模式的企业对数据价值的判断具有较大差异，因此，对实际数据资产价值进行评估时，要根据企业不同的需求选择一个或多个组合的数据价值评估模型进行评估。数据价值评估有利于数据驱动型企业判断数据资产价值对数字化转型的贡献度，从而为更好地利用数字资产提供有益帮助。

四、如何对数据资产进行交易

在当今数据密集型的时代，数据被视为企业的核心资产，能够为企业创造巨大的价值。然而，数据的利用往往受限于传统的集中式管理模式，导致数据的潜力未能充分释放。为了打破这一局限，企业可以借鉴金融市场的运作原理，在内部建立数据资产虚拟交易所，通过市场化的机制优化数据的分配和利用，提升数据的价值和流动性。

1. 前置准备：构建完善的数据资产管理体系

在构建数据资产虚拟交易所之前，企业需要先建立一个健全的数据资产管理框架，这包括数据的识别、分类、确权、定价、存储、保护等关键环节。数据资产管理是确保数据资产虚拟交易所有效运作的基石，它不仅有助于企业清晰地掌握数据资产的全貌，还能为数据的交易提供可靠的数据质量保障和法律基础。

① **数据识别与分类**：企业应全面盘点内部数据资源，对数据进行细致的分类，区分不同数据的类型、来源、用途和敏感程度，为后续的数据确权和交易提供清晰的指引。

② **数据确权与定价**：明确数据的所有权、使用权和收益权，同时制定合理的数据定价机制，这需要综合考虑数据的稀缺性、价值、成本等因素，确保数据交易的公平性和合理性。

③ **数据存储与保护**：采用先进的数据存储技术和安全措施，确保数据的完整性和安全性，防止数据泄露或损坏，同时也便于数据的检索和交易。

2. 设计交易规则：构建数据资产交易的法律与商业框架

在设计数据资产交易规则时，企业需要制定一套完善的交易政策，涵盖交易对象、交易形式、定价机制和交易流程等方面，确保数据资产交易的顺畅进行。

① **交易对象**：确定哪些类型的数据可以进入内部市场交易，一般包括非敏感的内部业务数据、分析模型、数据集等，避免涉及个人隐私或商业机密的数据。

② **交易形式**：设计灵活多样的交易形式，如数据使用权的租赁、数据产品

的购买、数据资产的转让等，满足不同部门或项目对数据的不同需求。

③ **定价机制**：制定科学的数据定价模型，可以基于数据的稀缺性、价值、成本等因素，确保价格既能反映数据的真实价值，又能够激励数据的供给和使用。

④ **交易流程**：构建清晰的交易流程，包括数据资产的发布、询价、报价、成交、交付、结算等环节，确保交易的透明性和效率。

3. 构建交易平台：技术支持与安全保障

企业需要开发或采用现有技术平台，构建一个功能完备的数据资产交易平台，以支持数据资产的发布、搜索、交易、结算等功能。

① **技术平台**：平台应具备高性能的数据处理能力，能够支持大规模数据的实时交易，同时提供友好的用户界面，方便用户发布和查询数据资产。

② **安全与隐私**：实施严格的数据安全措施，如数据加密、访问控制、审计日志等，保护数据不被非法访问或泄露，同时遵守数据隐私法规，确保交易过程的合规性。

③ **交易记录**：建立交易记录系统，记录每一次交易的细节，包括交易时间、交易价格、交易双方等，便于追溯和审计。

4. 制定内部政策与流程：确保交易的合规与效率

为了保障数据资产交易的合规性和效率，企业需要制定一系列内部政策和流程，包括交易政策、审批流程、税务与财务管理等。

① **交易政策**：制定企业内部数据交易的政策，明确交易原则、交易资格、交易限制等，确保交易活动符合企业的战略目标和合规要求。

② **审批流程**：设计数据交易的审批流程，对交易的合法性、合规性进行审查，避免数据交易带来的潜在风险。

③ **税务与财务**：考虑数据交易的税务影响，制定相应的财务处理流程，如交易费用的收取、收益的分配、成本的分摊等。

5. 培训与沟通：提升员工数据素养与参与度

为了确保数据资产虚拟交易所的成功运行，企业需要对员工进行数据交易的相关培训，提高员工的数据素养和参与度。

① **员工培训**：通过培训课程，让员工了解数据资产的价值、交易规则、合

规要求等，培养数据驱动的文化，激发员工参与数据交易的积极性。

②**内部宣传**：通过内部通讯、会议、培训等方式，加强数据资产虚拟交易所的宣传，让员工了解数据交易的意义和好处，提高其参与数据交易的意愿和能力。

6. **监控与审计：确保交易活动的透明与合规**

企业应建立一套监控与审计机制，定期对数据资产虚拟交易所的运作进行评估，确保交易活动的透明度和合规性。

①**交易监控**：实施交易监控，通过数据分析和报告，跟踪数据交易的趋势和效果，及时发现并处理潜在的问题。

②**定期审计**：定期对数据资产虚拟交易所的运作进行审计，评估其效率和效果，确保交易活动符合既定的规则和政策，同时也能及时调整优化策略。

7. **持续优化与迭代：提升交易效率与用户体验**

数据资产虚拟交易所的建设是一个持续优化和迭代的过程，企业需要根据市场和技术的变化，不断调整和改进交易平台的功能和规则。

①**反馈机制**：建立数据资产交易的反馈机制，定期收集参与者的意见和建议，持续改进交易规则和平台功能，提升用户体验。

②**技术升级**：随着技术的发展，适时引入新技术，如区块链、人工智能、大数据分析等，以提升数据资产交易的安全性和效率，降低交易成本，增强数据资产的流动性。

8. **法律与合规性审查：确保交易活动的合法性**

在数据资产交易过程中，企业需要确保所有交易活动符合相关的法律法规，包括数据保护法、隐私法等。

①**合规检查**：定期进行合规性检查，确保数据交易活动遵守所有适用的法律法规，避免法律风险。

②**合同审查**：审查数据交易合同，确保合同条款反映了数据确权的情况，包括数据使用许可、数据共享协议等，避免合同纠纷。

9. **风险管理：预防与应对交易风险**

数据资产交易活动伴随着各种风险，包括数据泄露、数据质量下降、交易纠纷等，企业需要建立风险管理机制，确保数据交易的安全和稳定。

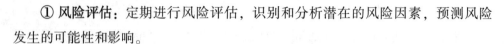

① **风险评估**：定期进行风险评估，识别和分析潜在的风险因素，预测风险发生的可能性和影响。

② **风险缓解**：制定风险缓解策略，如数据加密、数据备份、争议解决机制等，减少风险事件的发生概率和损失程度。

总之，构建企业内部数据资产虚拟交易所是一项系统工程，需要企业高层的支持和各部门的协同努力。通过建立一个高效、安全、合规的内部数据交易市场，企业可以实现数据资源的优化配置，促进数据驱动的业务创新和增长，从而在激烈的市场竞争中占据优势地位。然而，这一过程也充满挑战，需要企业充分考虑到数据安全、隐私保护和法律法规的约束，通过持续的努力和创新，逐步构建起一个成熟、稳健的数据资产交易生态。

五、如何评价数据资产的收益

在数字化时代，数据被视为企业的核心资产，能够为企业创造巨大价值。然而，数据资产的收益评估却是一项复杂任务，它不仅需要考量数据的经济价值，还要考虑到数据对业务的间接贡献。下面我们将深入探讨评估数据资产收益的方法，帮助企业管理层更好地理解数据资产的价值，从而做出更加明智的决策。

1. 收益法（Discounted Cash Flow，DCF）

收益法是评估数据资产收益的主流方法，它通过预测数据资产未来能够为企业带来的现金流，并将这些未来收益折现到当前的现值，来计算数据资产的当前价值。其步骤为：

① **确定收益期**：首先，需要确定数据资产的经济寿命，即数据资产能够持续为企业创造显著收益的时间。这取决于数据的时效性、行业特性以及技术进步速度。

② **预测现金流**：基于历史数据、市场趋势和企业战略，预测数据资产在未来各期的预期收益。这可能包括销售增长、成本节省、新业务机会等。

③ **选择折现率**：确定一个合适的折现率，反映投资数据资产的风险。折现率通常包括无风险利率、市场风险溢价以及特定数据资产的额外风险溢价。

④ **计算现值**：将未来的现金流按照折现率折算成现值，然后求和，得出数据资产的现值。

2. 数据增强型企业价值评估

在数据驱动的企业中，数据资产的价值往往体现在企业整体价值的提升上，而不是直接的财务收益。因此，评估这类数据资产的收益需要从整体企业价值的角度出发，分析数据资产如何增强企业的竞争力、提高运营效率、优化客户体验等。

3. 非财务收益评估

数据资产的收益不仅仅体现在直接的财务指标上，还包括许多非财务收益，如决策质量的提升、运营效率的优化、客户满意度的增加等。这些非财务收益虽然难以直接量化，但对企业的长期成功至关重要。

4. 投资回报率（ROI）分析

ROI分析是一种衡量数据资产投资效益的常用方法。它通过比较数据资产的总投资成本和收益，计算投资的回报率，帮助管理层判断数据资产投资是否值得。公式如下：

$$ROI = 投资成本净收益/净收益投资成本 * 100\%$$

5. 时间价值的考虑

评估数据资产收益时，必须考虑到资金的时间价值。这意味着未来的收益应该折现到当前的价值，以反映资金随着时间推移而贬值的现象。这通常通过使用适当的折现率来实现。

6. 监测与评估表现

数据资产的价值和收益不是静态的，它们会随着市场环境、技术发展和企业战略的变化而波动。因此，企业需要建立一套持续监测和评估数据资产表现的机制，以确保数据资产能够持续为企业创造价值。

7. 定量与定性结合

在评估数据资产的收益时，应该将定量分析与定性分析相结合。定量分析侧重于数据资产的财务收益，而定性分析则关注数据资产对业务流程、决策质量和客户体验的改善。两种分析方法的结合能够提供一个更为全面的数据资产价值视角。

8. 数据资产价值与收益分配评价模型

一些地区或行业可能会有专门的数据资产价值与收益分配评价模型，例如中国青岛发布的"数据资产价值与收益分配评价模型"。这种模型会根据数据在运营过程中的使用与收益情况，量化数据质量、数据应用、变现量和收益分配比例，为数据资产的价值与收益分配提供量化评价。

评估数据资产的收益是一个多维度、动态的过程，需要企业结合自身的业务特点、市场环境和战略目标，灵活运用多种评估方法。通过科学的数据资产收益评估，企业不仅能够更好地理解数据资产的价值，还能指导数据资产的投资决策，优化数据资产的管理和利用，从而在数字化转型的道路上走得更远、更稳。然而，值得注意的是，数据资产收益评估并非一劳永逸，企业需要持续关注市场和技术的变化，定期重新评估数据资产的价值，以确保数据资产能够持续为企业创造最大的价值。

六、数据资产入表如何开展

（一）数据资产入表路径和方法

数据资产入表是一个复杂且细致的过程，涉及企业内部的多个环节与外部的法律法规遵从。见图5-2。

图 5-2　数据资产入表过程

以下是针对这一过程的详细描述，包括每一个阶段的具体操作和注意事项。

（一）第一阶段：政策解读与准备

成立专项小组：首先，企业需成立一个由财务、IT、法务、业务等部门组成的专项小组，负责数据资产入表的全程规划和执行。该小组需具备跨部门沟通协调能力，确保项目顺利推进。

政策法规研究：专项小组需深入研究国际国内关于数据资产会计处理的最新政策、法规及会计准则，例如 IFRS（国际财务报告准则）、GAAP（美国通用会计准则）以及中国的会计准则等，确保数据资产入表的合规性。

内部培训与教育：组织针对数据资产入表重要性的培训会议，提高全员对此项目的认识，特别是对财务、IT 人员的专业培训，确保他们理解数据资产入表的意义、流程及各自的责任。

（二）第二阶段：入表前的准备工作

数据治理框架搭建：构建一套完整的数据治理体系，包括数据采集、清洗、存储、安全、质量控制等环节，确保数据的可用性、完整性和安全性。引入数据治理工具和平台，提高数据治理的自动化水平。

数据资产清单编制：进行全面的数据资产摸底，包括数据来源、存储位置、访问权限、使用频率等，创建详尽的数据资产清单。根据数据的业务价值、稀缺性、可替代性等指标，初步筛选可入表的数据资产。

数据权属与合规性审核：对选定的数据资产进行权属确认，确保企业拥有合法的使用权。同时，进行合规性审查，确保数据收集、处理和使用符合 GDPR、中国《个人信息保护法》等法规要求。

（三）第三阶段：入表实施

数据资产估值：采用市场法、成本法或收益法等方法，对筛选出的数据资产进行价值评估。这一步骤需结合行业特性、数据用途、潜在市场价值等综合因素，确保估值的合理性。

制定入账政策：根据评估结果，制定数据资产的入账政策，包括入账科目、折旧摊销方法、减值测试等，确保财务处理的一致性和准确性。

数据资产入账操作：在确保所有准备工作到位后，将数据资产按照既定的会计政策录入财务系统，更新资产负债表，同时在财务报告中充分披露数据资产的相关信息。

（四）第四阶段：稳态运行与持续优化

数据资产的动态管理：数据资产的价值随时间、市场和技术变化而变化，因此企业需要建立一套机制，定期对数据资产进行重估，并根据评估结果调整账面价值。

风险管理与审计：建立数据资产风险管理体系，包括数据安全风险、合规风险等，定期进行内部审计和第三方审计，确保数据资产的管理合规有效。

知识分享与外部交流：参与行业论坛、研讨会，分享数据资产入表的经验与挑战，学习行业最佳实践，不断提升数据资产管理的水平。

持续优化与创新：随着数据资产在企业战略中的地位日益重要，企业应持续探索数据资产的新应用、新价值，不断优化数据资产管理流程，推动数据资产的高效利用和价值最大化。

通过以上详细步骤，企业可以系统性地推进数据资产入表工作，不仅提升企业内部的数据管理能力，更能对外展示企业数据资产的真实价值，为企业的资本运作、融资活动和市场估值提供强有力的支撑。

（二）数据资产入表的典型案例

1. 浙江桐乡工业互联网数据资产入表

背景：作为全国首个工业互联网数据资产入表的尝试，浙江桐乡的案例聚焦于推动工业制造业的数字化转型。浙江某科技发展有限公司是这一实践的代表，该企业致力于运用工业互联网技术优化生产流程，积累了大量的设备数据、生产数据和供应链数据。

操作过程：企业首先对数据资产进行梳理分类，确定哪些数据具有入表的价值。随后，聘请专业机构对选定的数据资产进行评估，确定其经济价值。在确保数据权属清晰、合规使用的前提下，企业根据会计准则要求，将这部分数据资产正式计入财务报表，明确了数据资产的入账方式、折旧方法等。

成果与影响：此案例不仅帮助企业量化了数据资产价值，提升了其在资本市场的吸引力，也为其他工业企业提供了数据资产化和财务管理创新的范例，促进了工业互联网与财务管理的深度融合。

2. 温州市数据资产入表实践

背景：温州市作为数字化转型的先锋城市，其数据资产入表实践涉及多个行业和领域，旨在通过数据资源的有效管理和价值释放，推动地方经济的高质量发展。

操作过程：温州市政府与企业合作，首先建立了数据资产管理框架，明确了数据资源的收集、整理、评估和保护流程。通过建立数据资产目录，对各行业数据进行价值评估，并依据会计准则制定入账规则。在确保数据安全和隐私保护的基础上，将符合条件的数据资产正式纳入企业财务报表。

成果与影响：这一实践推动了数据资源的高效配置，提升了城市数据治理能力，同时也为其他地区提供了数据资产入表的实践经验，促进了数据要素市场的活跃。

3. 佛山高投数据资产入表探索

背景：佛山高新产业投资集团面对城市停车难的问题，利用物联网、大数据等技术，开发了智能停车管理系统，积累了丰富的公共停车数据。

操作过程：企业通过对停车数据的深度分析，发现其在优化停车资源分配、提升停车服务效率方面的巨大价值。通过专业的数据资产评估，将这些数据资产入表，不仅提升了企业资产总额，还为开发基于数据的增值服务创造了条件。

成果与影响：此案例不仅推动了城市公共服务的智能化升级，还为其他公共服务领域如何利用数据资产融资提供了示范，强调了数据在提升公共服务效率和质量中的重要作用。

第三节　数据资产管理工具

一、数据资产管理工具架构设计

数据资产管理平台工具位于大数据平台上层，为各项数据资产管理活动职能的执行提供技术保障。

从管理视角出发，数据资产管理平台工具支持 PDCA 循环。规划环节，通过角色分配和权限管理落实数据认责体系，支持需求管理，以及对数据资产现状（包括数据资产规模、分布、可信度、安全性等）进行评估；执行环节，支持标准规范的新增、修改，以及数据开发、任务编排、任务运维等；检查环节，支持对数据模型一致性、标准规范应用程度、问题数据处理情况、数据安全响应结果等进行跟踪；改进环节，支持逐个标记问题并生成改进建议，统计检查数据，形成知识库，量化改进过程，实现闭环管理。

从开发视角出发，数据资产管理平台呈现一体化形式。通过打通数据模型管理、数据标准管理、数据质量管理、数据安全管理、元数据管理、数据开发相关平台工具，支持数据模型设计与开发遵循标准规范，实现数据质量源头管理，并对数据资产开发全流程进行监控，确保开发过程的流畅，提升开发过程的规范性。例如，中国联通构建了集约化数据治理平台，深入推进自上而下的企业治理体系建设，实现数据资产全量全域纳管，资产一点查询检索，一点治理运营，数据标准在线管理；支撑核心指标、标签、模型的血缘关系全链路溯源、智能化分析。同时自下而上夯实数据质量基础，推动数据质量管理、建模管理、主数据管理等各项能力的工具化建设，形成数据治理工具集，AI 赋能数据治理质量和效率提升，促进企业数据标准化、规范化，为企业数字化转型提供支撑。

二、数据资产管理工具功能设计

在当今数字化转型的时代背景下，数据资产作为企业核心竞争力的关键组成部分，其重要性日益凸显。数据资产管理（Data Asset Management，DAM）工具的出现，旨在帮助企业有效地管理和利用这些宝贵的数字资源，以实现数据价值的最大化。一个全面的数据资产管理工具应当具备数据资产分类、数据资产登记、数据资产确权、数据资产估值、数据资产使用和数据资产评估等功能，如图 5-3 所示。

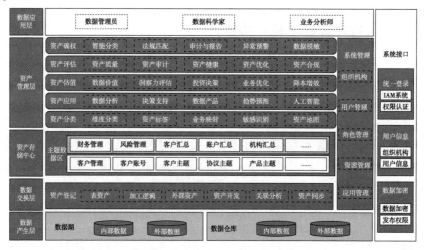

图 5-3　数据资产管理工具

（一）模块一：数据资产分类

1. 功能概览

数据资产分类是一个全面而细致的数据管理组件，负责对组织内部的数据进行科学分类和结构化整理。此系统通过多维度的分析和分类，确保每一份数据都能被准确地归类，从而提升数据的可访问性、可管理性和价值实现。

2. 关键功能点

（1）多维分类体系

① **维度定义**：系统支持定义多个分类维度，包括但不限于数据来源、数据类型、业务领域、敏感级别等。

② **智能分类**：内置机器学习算法，自动分析数据特征，推荐合适的分类标签。

（2）细化子类划分

① **子类创建**：允许用户根据具体业务需求，创建更细粒度的子分类，如"财务数据"下细分"应收账款""应付账款"等。

② **动态调整**：分类结构可根据业务发展和数据变化灵活调整，确保分类体系的时效性和适应性。

（3）数据标签管理

① **标签库维护**：维护一个全面的标签库，涵盖所有可能的数据属性和特性。

② **自动与手动标签**：支持自动标签化与手动编辑，确保数据分类的准确性和完整性。

（4）业务领域映射

① **业务场景关联**：将数据分类与特定的业务流程和场景紧密关联，提升数据的业务价值。

② **跨部门协作**：促进不同部门间的数据共享和理解，增强团队间的协作效率。

（5）敏感数据识别

① **敏感度评估**：自动识别敏感数据，如个人身份信息、财务记录等，并标记高敏感度等级。

② **访问控制**：基于敏感度设置不同的访问权限，确保数据的安全性。

（6）数据地图视图

① **可视化展示**：提供数据分类的可视化图表和地图，帮助用户直观理解数据分布和结构。

② **搜索与过滤**：支持关键词搜索和多条件过滤，快速定位特定数据资产。

（二）模块二：数据资产登记

1. 功能概览

数据资产登记是一个详细的记录与跟踪工具，用于全面记录组织内部数据资产的元数据信息，确保数据的透明度和可追溯性。通过系统化的数据登记，企业能够建立一个全面的数据资产目录，为数据治理、合规性和业务分析提供坚实的基础。

2. 关键功能点

（1）元数据捕获

① **自动元数据提取**：从数据源自动获取元数据，如创建时间、最后修改时间、文件格式等。

② **手动补充信息**：允许用户手工输入额外的元数据，如数据的所有者、业务目的等。

（2）数据源追踪

① **源头记录**：记录数据的原始来源，包括系统、应用程序或外部供应商。

② **变更历史**：维护数据生命周期中的所有变更记录，包括版本控制和修改详情。

（3）数据格式与存储

① **格式识别**：识别并记录数据的格式类型，如 CSV、JSON、XML 等。

② **存储位置**：记录数据的物理或逻辑存储位置，包括云存储、本地服务器或数据库。

（4）访问权限管理

① **权限配置**：设定数据的访问级别，确保只有授权用户才能查看或修改数据。

② **审计日志**：记录所有数据访问和修改行为，便于审计和合规性检查。

（5）更新频率与周期

① **定期更新计划**：设定数据更新的频率，如每日、每周或每月更新。

② **数据新鲜度监控**：监控数据的更新状态，确保数据的时效性和准确性。

（6）数据质量监控

① **完整性检查**：定期检查数据的完整性和一致性，防止数据缺失或错误。

② **数据清理**：提供工具支持数据清洗，去除重复项、修复错误值。

（7）数据资产目录

① **目录生成**：自动生成包含所有登记数据资产的目录，便于管理和查询。

② **导出与分享**：支持目录的导出功能，便于与其他部门或外部合作伙伴分享数据信息。

（三）模块三：数据资产确权

1. 功能概览

数据资产确权功能主要用于界定数据的所有权与使用权，确保数据的合法使用及保护。该系统通过精细的权限管理和全面的合规性检查，为企业提供了一套完整的数据保护框架，帮助企业在数据驱动的决策过程中保持合法性与安全性。

2. 关键功能点

（1）所有权与使用权界定

① **智能分类与标记引擎**：自动识别并分类数据类型，依据预设规则为数据添加所有权与使用权标签。

② **动态权限管理**：基于角色的访问控制（RBAC），确保每个用户或系统组件仅能访问其职责范围内的数据。

（2）合规性监控与报告

① **法规匹配引擎**：持续监测全球数据保护法规，自动更新系统规则以确保符合 GDPR、CCPA 等法律要求。

② **审计与报告**：生成合规性报告，跟踪数据访问历史，便于审计和监管审查。

（3）数据安全防护

① **加密与解密服务**：对敏感数据进行加密处理，保障数据在传输和存储过程中的安全性。

② **异常检测与预警**：实时监控数据访问模式，识别并警告潜在的数据滥用或泄露行为。

（4）数据使用条件与限制设置

① **策略定义与执行**：允许管理员设定数据使用条件，如数据有效期、访问频率限制等。

② **数据脱敏与匿名化**：在数据共享前进行脱敏处理，保护个人隐私和商业机密。

（5）集成与扩展

① **API 网关**：提供标准化接口，方便与其他企业级应用和服务进行无缝集成。

② **第三方认证与授权**：支持 OAuth、SAML 等标准协议，确保与外部系统的安全交互。

（四）模块四：数据资产估值

1. 功能概览

数据资产估值是一种综合性的分析功能，专注于评估数据对企业经营的价值贡献。通过运用先进的分析模型和算法，该系统能够量化数据的经济价值，为企业提供决策支持，优化资源分配，提升整体业务绩效。

2. 关键功能点

（1）数据价值评估模型

① **收益预测分析**：基于历史数据和市场趋势，预测数据驱动的业务活动可能带来的收入增长。

② **成本节约评估**：计算数据优化流程、减少浪费等方面所能节省的成本。

（2）市场洞察力评估

① **竞争情报分析**：利用数据洞察竞争对手的策略，评估市场定位优势。

② **客户需求分析**：通过客户数据挖掘，评估产品或服务的市场需求变化。

（3）客户满意度提升量化

① **客户反馈分析**：收集并分析客户反馈数据，量化数据驱动的改进对客户满意度的影响。

② **忠诚度预测**：基于客户互动数据，预测客户忠诚度的变化趋势及其对公司价值的贡献。

（4）投资决策支持

① **资本分配建议**：根据数据资产的估值，提供关于 IT 基础设施、数据治理

等方面的资本投资建议。

② **项目优先级排序**：基于数据价值评估，帮助确定哪些数据项目应优先实施。

（5）业务优化与竞争力提升

① **流程效率分析**：评估数据优化对业务流程效率的影响，提升运营效能。

② **市场机会识别**：利用数据洞察发现新的市场机会，增强企业的市场竞争力。

（6）可视化与报告

① **交互式仪表板**：提供直观的数据可视化界面，展示数据资产的关键指标和趋势。

② **定制化报告**：生成详细的估值报告，支持导出和分享，便于管理层审阅和决策。

（五）模块五：数据资产应用

1. 功能概览

数据资产应用是数据管理框架中的核心组件，旨在通过先进的分析技术、数据驱动的决策机制以及直观的可视化工具，最大化数据资产的价值。该系统赋能企业从海量数据中提炼洞察，支持战略规划与日常运营，推动业务创新和增长。

2. 关键功能点

（1）数据分析与挖掘

① **高级分析工具**：集成多种数据分析算法和模型，包括预测分析、聚类分析、回归分析等，以揭示数据背后的模式和趋势。

② **实时数据处理**：支持流式数据处理，即时分析实时数据流，确保决策基于最新信息。

（2）数据可视化

① **交互式仪表板**：提供自定义的交互式数据看板，用户可以根据需要选择不同的图表类型，如折线图、柱状图、热力图等。

② **故事化报告**：支持创建数据叙事报告，结合图表、文字和多媒体元素，讲述数据背后的故事。

（3）决策支持

① **数据驱动决策**：基于数据分析结果，提供决策建议，辅助高层管理者制定策略。

② **模拟与预测**：利用历史数据建模，预测未来趋势，支持情景分析和假设测试。

（4）产品与服务优化

① **客户行为分析**：深入分析客户数据，识别购买模式和偏好，优化产品设计和营销策略。

② **运营效率提升**：分析运营数据，识别瓶颈，优化流程，提高生产效率和服务水平。

（5）市场与风险评估

① **市场趋势预测**：利用外部数据源和市场情报，预测行业趋势，识别市场机会。

② **风险量化与管理**：评估潜在风险因素，量化风险影响，制定风险管理计划。

（6）合规与道德考量

① **数据伦理审查**：确保数据使用的道德性和合法性，避免侵犯隐私和歧视。

② **合规性监测**：监控数据使用是否符合法律法规和行业标准，如 GDPR、HIPAA 等。

（六）模块六：数据资产评估

1. 功能概览

数据资产评估专注于持续监测和评估数据资产的质量、价值及其对企业目标的影响。通过实施定期的数据审计、质量控制和价值分析，确保数据资产的健康状况，促进其在业务中的有效应用和增值。

2. 关键功能点

（1）数据质量监控

① **完整性与准确性检查**：定期验证数据的完整性和准确性，检测并修正错误或不一致的数据。

② **时效性评估**：监测数据的更新频率，确保数据反映的是当前情况。

（2）数据价值评估

① **业务影响分析**：评估数据资产对业务目标和 KPIs 的贡献，量化数据价值。

② **投资回报率计算**：分析数据管理的投资成本与收益，评估 ROI，优化资源分配。

（3）数据审计与合规性

① **定期审计计划**：设定数据审计的时间表，检查数据治理政策的执行情况。

② **合规性验证**：确保数据处理活动遵守相关法规，如数据保护法、行业准则等。

（4）数据资产健康报告

① **综合健康指标**：生成包含数据质量、价值和合规性等多方面指标的综合报告。

② **问题与风险警示**：突出显示数据管理中的问题和潜在风险，指导纠正措施。

（5）数据生命周期管理

① **数据留存政策**：根据数据的业务价值和法律要求，制定数据保留和删除策略。

② **数据退役计划**：对于不再需要的数据，实施安全的退役和销毁流程。

（6）数据资产优化

① **数据治理优化**：根据评估结果，提出数据治理流程的改进建议。

② **数据架构调整**：调整数据架构和存储策略，以提高数据的可用性和性能。

第四节　数据资产管理的保障措施及应用

数据资产管理逐渐深入人心，其一方面推动了大数据产业的发展和成熟，另一方面催生了新的产业形态和业务模式，形成新的发展方向。目前来看，数据资产产业生态链、相关法律法规体系和数据资产智能管理都是数据资产管理体系重要的发展方向。

数据资产产业生态链涉及数据的数据源、技术支撑、硬件支持、数据资产管理、数据平台、数据流通服务、数据应用等各个层面。目前，数据资产管理深入人心，数据平台建设如火如荼，数据应用百花齐放，但数据资产产业生态链在某些方面还有很大的发展空间。

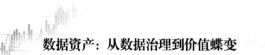

一、数据资产管理保障措施

数据变现的直接方式是数据产品。数据运营就是通过挖掘分析，将数据产品发布给消费者使用的过程。数据运营是数据价值体现的过程，数据运营的载体是数据，重点在于运营。目前，已经有企业在构建数据运营体系，可从数据服务对象出发，明确数据目标，搭建数据运营平台，打造数据产品。

（一）健全数据资产法律法规体系

任意一个领域的良性发展都离不开法律法规体系的保障，数据资产管理作为大数据的重要领域，在法律法规体系方面仍有很大的发展空间。数据资产管理是新兴领域，政府应在法律法规方面予以指导和支持，引领该领域的健康、可持续发展。目前，数据资产管理在数据确权、数据开放、数据交易、数据评估、个人隐私数据保护等方面仍缺乏针对性的法律法规政策，这些方面的法律法规仍待完善。

企业可通过相关组织在行业内出具行业自律公约、指南等方式在行业内对数据资产进行规范化。同时，加强数据安全保护技术方面的研究实践（如强化数据溯源技术、隐私数据脱敏、加解密、匿名存储保护、安全多方计算等技术手段），引领数据资产管理领域的规范发展。

（二）推进智能化数据资产管理

当今时代正在由大数据时代向人工智能时代转变，数据资产管理同样也在迈向智能化管理。目前，市场上已经有智能数据分析平台、智能数据质量管控平台、智能数据湖应用平台等智能化数据管理平台，其基本原理是将人工智能技术和数据资产管理有机融合。在数据资产管理规章制度的落地和管理工具的建设方面，应该充分运用语音识别、机器学习、深度学习等人工智能技术，提升整体智能化水平。数据资产管理的智能化能力可从以下几个方面开展：智能化数据资产盘点、智能数据质量监控报警、智能数据安全管理、智能化业务数据标签、智能化数据服务等方面。数据资产管理与人工智能的融合必定会迎来新的发展机遇。

（三）数据审计

从数据是资产的概念来看，数据审计是必不可少的环节。数据审计有一套事前事中事后的体系，事前审计数据的真实性、准确性、可用性、合理性等；事中对数据加工过程中的可信度进行审核，如日志分析、SQL解析等；事后主要评估数据应用的合规合法性和风险。数据审计是一项很有挑战性的工作，也是数据资产管理的重要发展方向之一。

（四）数据资产监管

一是尚未形成以价值为导向的数据产品价格机制。数据要素市场不是一个充分竞争的市场，无法基于市场竞争机制明确数据产品价格；交易双方对数据产品价值评价存在不同；二是数据产品描述不规范，识别发现机制不健全，找不到自己需要的数据产品是数据流通交易面临的难题。三是合规成本高，数据产品流通开放意愿不强，数据合规监管法律本身还不完善和全面。

二、数据资产应用

数据开放是数据资产流通体系中合作共赢的重要环节，可以实现互联融合发展。数据开放面临着很多问题，如没有统一的开放共享标准、缺乏安全可信的政策环境、开放共享技术有待增强等。目前来看，政府数据开放要求最为迫切。政府掌握着大量公共数据，数据反哺开放是大势所趋，世界各国都在研究制定数据开放战略，数据开放是重要的发展趋势。

（一）企业内部数据资产应用

企业内部数据资产的应用方式是大家最熟知的，主要包括支持业务部门的日常应用、支持管理部门的管理应用，支持决策层的决策应用、支持数据科学的预测应用和智能化应用。全局数据监控、数据服务产品化是两类很典型的业务数据化场景。而数据业务化是希望数据本身可以成为一种业务模式。

1. 全局数据监控

全局数据监控属于数据直接的交换、共享呈现层次，既可服务于内部决策分析，也可以形成产品为外部客户使用。该层次的重点工作在于最大限度降低数据分析的难度，最大程度提高数据分析效果，以高效优质地辅助战略决策和数据化运营。通过"以治促用，以用促治"的治理策略，全面释放核心数据资产活力。在企业逐步实现数据资产"可见、可查、可信、可用"，见图5-4。

2. 数据服务产品化

基于企业全链路、全渠道的数据构建数据连接与萃取管理体系，实现对特定业务的全生命周期精细化管理。

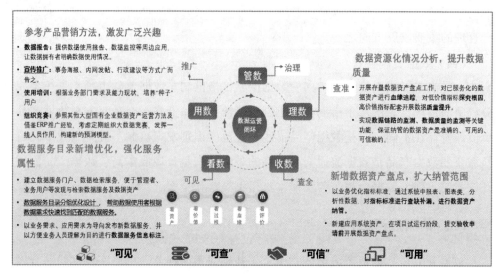

图5-4 数据资产化"可见、可查、可信、可用"

传统的数据化运营是由专业的分析师将多个片段数据进行组合、串联，并结合业务背景与目标等，得出分析报告，进而辅助运营决策。这种方式下，数据团队与业务团队之间是不直接对接的，中间是由分析师团队来桥接的，以实现数据辅助运营决策。

以数据化运营为目标将很多分析师、有数据化运营经验的业务人员将思路沉淀到数据产品中，使得数据化运营成为平台具有的较为普适性的基本能力，而能力强的分析师和业务人员则可以在此之上进行更多高深层次的数据化运营探索。

（二）企业外部数据资产应用

数据资产的外部应用是数据资产货币化的主要形式。这就需要将数据资产加工成各种各样的数据产品，比如数据报告、数据算法、数据产品或者直接出售数据集。不建议直接出售数据集，因为数据只有被适当的加工后才能更好地实现增值。

1. 数据报告

数据报告是数据资产对外应用的主要方式，比如××行业市场报告、××行业产业发展报告等等。

2. 数据算法

数据算法是数据资产对外应用的补充方式，数据算法的价值化往往要和行业相结合，比如××行业销售漏斗算法、××行业工艺优化算法等。

3. 数据产品

数据产品主要是指电子化的书籍、视频、声音、图片等非结构化数据产品。

4. 数据集

作为数据资产的数据集货币化是最初级的数据价值化方式，主要体现在直接售卖数据。往往在数据交易所会采用这种形式，企业采用这种形式较少。毕竟这种形式会受到定价、议价、交易、监管、合规等管理和约束。

（三）企业综合应用

综合应用模式也就是说，数据资产既能满足公司内部应用同时也能满足企业外部数据消费者的需求，这是当前数据资产应用的高级模式。当然也需要更加完善的管理机制、体制和模式，毕竟对于内外部来说，数据价值产生的方式不同，估值和计价模式也不同，对数据资产各方面的要求也不同。

数据资产实践，围绕数据"提质、赋能、优化"业务、驱动企业数字化转型为目标，按照打通数据壁垒、沉淀数据资产、激活数据价值、发展数字经济四条主线推进数据资产化建设。**一是以打通数据壁垒为基础**。打造大数据平台、数据全量接入整合、统一数据标准、规范数据治理，推进数据全流程贯通融合。**二是以沉淀数据资产为途径**。推进数据资源的资产化，从满足项目交付，转变为以业务驱动为中心，持续优化数据资产目录、指标标准，丰富数据资源化手段，不断沉淀核心数据资产，形成具有竞争优势的数据运营体系，实现数据赋能。**三是以激活数据价值为核心**。开发数据产品服务体系，开展数据分析，服务企业战略实现、领导决策、精益管理改进。四是以发展数据经济为目标。开展数字创新，构建数据生态，培育和发展新兴业务，助推企业数字经济发展。

第六章
探索数据资本化的方式

2020 年 4 月中共中央、国务院发布的《关于构建更加完善的要素市场化配置体制机制的意见》中，数据作为生产要素已被正式单独列出。数据要素，即参与到社会经营活动、为使用者或所有者带来经济效益、以电子方式记录的数据资源，已经在当今经济发展中扮演着与劳动力、资本等传统生产要素同等重要的角色。数据资本是指通过使用组织的数据而获得的任何财富或价值，本质是实现数据要素的社会化配置的过程。

数据资本化主要有以下五种方式：

① 数据资产增信融资，是指通过一系列手段和措施提高企业的信用，从而提升企业可申请的贷款额度。基于现有银行信用贷款体系，以数据资产价值及其数据资产管理成熟度、运营数据产品的能力作为企业增加信用的手段，提升企业可申请的贷款额度。数据资产增信将数据资产的货币价值提前变现，帮助企业获得再生产所需的资金，降低企业的融资成本。

② 数据资产质押融资，是指企业将其合法拥有的数据资产进行评估，通过质押、抵押或其他金融手段获得融资的过程。在现有质押体系下，企业将基于数据产品交易合约的应收账款或数据资产作为信用担保质押给银行，以获取银行贷款，发挥数据要素的资产属性，助力企业基于优质数据资产而非主体信用拓宽融资途径。

③ 数据信托，是指企业将有价值的数据资产作为信托财产第 64 页设立信托，从而获得现金回报的一种机制。企业作为委托人，通过受托人委托数据资产的第三方服务商对特定数据资产进行资产运用而获得收益。在此构成中，企业通过将数据资产的信托受益权转让获得现金收入，向社会投资者进行信托利益的分配，从而产生数据资产增值收益的过程。

④ 数据资产入股，是指满足一定条件的数据资产，通过合规审查、确权登

记、价值评估等一系列操作流程，按照其公允价值作价换取相应比例的股权的过程。可用于入股的数据资产，其价值必须能够可靠计量，并且能够依法流通和转让。另外，数据资产不得包括法律禁止交易的数据，商誉、特许经营权等特定的资产类型也不能用于入股。

⑤ 数据资产保险，是数字经济蓬勃发展背景下的一种新兴的保险类型，保险公司借助区块链、量子加密等技术手段，基于数据资产实际的流通和使用场景，创新性地设计出为数据资产提供风险保障的保险产品。在实际应用中，数据资产保险产品的风险量化是主要难点，这其中包括运用区块链技术对数据流通的全过程进行追踪溯源，使得在发生安全事件时，能够清晰地定位问题所在的环节；此外，数据资产所包含数据的重要性以及企业对损失的承受能力也是投保和赔付金额的重要依据。

⑥ 数据资产证券化，是指金融机构将未来可以产生稳定收入流的数据资产，按照某种共同属性打包成一个组合，并通过一定的流程和规范把这个资产组合转换为可在资本市场上流通的具有固定收入的有价证券。这个过程类似于传统的资产证券化，但基础资产是数据资产而非实物资产。数据资产证券化的目的是将数据资产的未来收益在当期变现，满足数据资产方的融资需求。

通过数据资本化实现数据产品创新和应用、数据资产增值和数据交易变现，充分挖掘和释放数据价值，更好服务企业发展。下面我们主要介绍数据资产增信融资、数据资产质押融资和数据资产证券化三种数据资产化的方式以及相关案例。

第一节　数据资产增信融资如何实现

一、数据资产增信融资的价值和意义

数据资产增信融资的详细价值和意义，可以从宏观经济、企业经营、技术创新以及法律政策等多个维度进行深入分析：

（一）宏观经济层面

推动数字经济的快速发展：数据资产增信融资的兴起，强化了数据作为新生产要素的角色，促进了数据资源的有效配置和高效利用，为数字经济的快速增长提供了强大的推动力。

优化资源配置：通过数据资产化，市场能够更精准地评估和定价数据的价值，进而引导资金流向那些能够有效利用数据、产生高附加值的行业和企业，优化全社会的资源配置。

激发创新活力：数据资产增信融资鼓励企业加大研发投入，利用数据洞察推动产品和服务创新，从而带动整个产业链的升级和变革，提升国家整体的创新能力和竞争力。

（二）企业经营层面

增加融资灵活性与效率：企业可以通过数据资产直接获得资金，避免了传统融资方式中繁琐的审批流程和较高的门槛，尤其是对于初创和科技型企业，数据资产增信融资成为快速获得资金支持的重要途径。

提升企业治理水平：为了实现数据资产的融资，企业必须建立健全的数据管理体系，包括数据的收集、存储、分析和保护等，这一过程实际上提高了企业的信息化管理水平和数据治理能力。

增强市场竞争力：拥有并能有效利用高质量数据资产的企业，在融资市场上更具吸引力，有助于提升品牌知名度和市场地位，形成竞争优势。

（三）技术创新层面

促进新技术应用：数据资产增信融资的需求推动了区块链、隐私计算、人工智能等技术的发展和应用，这些技术在保障数据安全、隐私保护和数据价值评估中发挥着关键作用。

数据价值深度挖掘：数据资产增信融资的实践促使企业更深入地挖掘数据价值，推动数据分析、机器学习等技术的创新应用，为企业决策提供更加精准的数据支持。

（四）法律政策层面

推动法律法规完善：随着数据资产增信融资的实践不断深入，相关的法律法规框架也在逐步建立和完善，如数据权属界定、数据交易规则、数据安全与隐私保护等方面，为数据经济的健康发展提供了法律保障。

提升合规意识：参与数据资产增信融资的企业和金融机构必须严格遵守相关法律法规，这一过程增强了社会整体对数据合规性的认识和执行力度，构建了健康的数据交易环境。

综上所述，数据资产增信融资不仅为企业融资提供了新的思路和途径，而且在推动技术创新、优化资源配置、促进法律制度完善等方面展现出深远的影响，是数字经济时代不可忽视的重要趋势。

二、数据资产增信融资的路径和方法

数据资产增信融资是一种新兴的融资方式，它允许企业利用其拥有的数据资源作为抵押或凭证，从金融机构获取资金支持，见图 6-1。以下是利用数据资产进行融资的一些基本步骤和关键点。

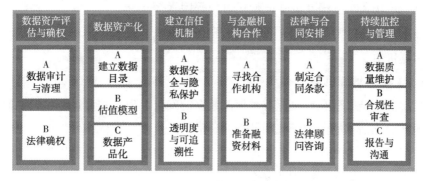

图 6-1　数据资产增信融资

（一）数据资产评估与确权

首先，企业需要对其数据资产进行评估，确定这些数据的价值、质量、独特性和合规性。这通常涉及数据审计、清洗和标准化过程，以及确保数据的收集、存储和使用符合相关法律法规。数据确权是基础，确保企业合法拥有并有权使用这些数据进行融资活动。

1. 数据审计与清理

数据审计：首先进行全面的数据审计，这包括识别、分类和评估企业所持有的所有数据集。审计内容涉及数据的来源、格式、存储位置、访问控制以及数据质量。

数据清理与标准化：清理无效、重复或错误的数据，确保数据的准确性和一致性。标准化数据格式，使其更容易被分析和估值。

2. 法律确权

确保数据收集、处理和利用的合法性，遵循 GDPR（欧盟通用数据保护条例)、中国《个人信息保护法》等相关法律法规。企业需证明对数据的合法拥有权，以及在融资过程中使用数据的合规性。

(二) 数据资产化

将数据转换为可量化的资产。这可能涉及建立数据目录、数据模型和估值方法，以便明确数据的市场价值。

建立数据目录：创建一个全面的数据资产目录，记录每个数据集的特性和潜在价值。

估值模型：开发或采用合适的估值模型来量化数据价值。这可能基于数据的稀缺性、市场需求、潜在的业务应用价值等因素。

数据产品化：考虑将数据包装成可直接销售或授权的产品或服务，进一步明确其市场价值。

(三) 建立信任机制

使用区块链、隐私计算等技术保障数据的安全、隐私和可追溯性，同时确保在不泄露敏感信息的前提下证明数据的价值。

数据安全与隐私保护：采用加密技术、去标识化处理和区块链等手段保护数据，确保数据在融资过程中的安全和隐私。

透明度与可追溯性：通过区块链技术记录数据使用的每一次交互，增强信任，同时保护数据的真实性和完整性。

(四) 与金融机构合作

寻找对数据资产增信融资感兴趣的银行或其他金融机构，进行洽谈并提交融资申请。目前，一些银行已经推出了专门针对数据资产的融资产品，如"数易贷"。

寻找合作伙伴：识别并接触对数据资产增信融资感兴趣的金融机构，了解他们的要求和流程。

准备融资材料：包括详细的数据资产报告、估值分析、业务计划书以及合规证明文件。

(五) 法律与合同安排

签订详细的合同，明确数据使用权、贷款条件、违约条款等，确保双方权益得到保障。

制定合同条款：合同应明确数据的使用范围、期限、收益分配、违约责任等内容，确保双方权益。

法律顾问咨询：聘请专业法律顾问审查合同，确保所有条款符合法律规定，保护企业利益。

（六）持续监控与管理

融资后，企业需持续监控数据资产的质量和价值，并按照协议要求向融资方报告或分享部分数据洞察，但不泄露核心数据。

数据质量维护：定期检查数据质量，更新数据集，保持数据的时效性和准确性。

合规性审查：随着法律法规的变化，定期审查并确保数据使用和融资活动的持续合规。

报告与沟通：根据融资协议要求，定期向融资方提供数据价值、使用情况等报告，维持良好的合作关系。

通过上述步骤，企业能够有效地利用其数据资产获取资金，为业务扩展、研发创新等提供财务支持。随着数据经济的发展，数据资产增信融资正逐渐成为企业融资的新途径。

第二节　数据资产质押融资如何实现

一、数据资产质押融资的价值和意义

数据资产质押融资作为一种新兴的融资模式，其价值和意义主要体现在以下几个方面。

1. 激活数据价值

数据资产质押融资使企业能够将长期以来被视为无形资源的数据转化为有形的经济价值。通过将数据资产作为贷款的担保或信用基础，企业可以直接从其数据积累中获得财务回报，不再让数据"沉睡"，而是成为流动的资本。

2. 拓宽融资渠道

对于许多轻资产或创新型公司而言，传统的实物资产贷款可能难以满足其融资需求。数据资产质押融资为这些企业打开了新的融资大门，特别是对于高科技、互联网、大数据分析等领域的企业，数据往往是其最宝贵的资源。

3. 提高资金灵活性

通过数据资产获得贷款，企业可以更快地获得所需资金，用于研发投入、市场扩张、日常运营或其他战略目标，增加了资金使用的灵活性和效率，有利于企业抓住市场机遇，加快成长步伐。

4. 促进数据市场的成熟

数据资产质押融资的实践推动了数据价值评估体系、数据交易平台、数据安全与隐私保护机制等基础设施的建设和发展，促进了数据要素市场的规范化和成熟化，为数据的流通和交易提供了更多可能性。

5. 创新金融服务

数据资产质押融资是金融创新的体现，促使银行和金融机构开发出更多基于数据的金融产品和服务，丰富了金融市场的产品线，提升了金融服务实体经济的能力。

6. 优化资源配置

数据资产的资本化有助于优化社会资源的配置，使得数据这种关键的生产要素能够更高效地流向最有价值的用途，驱动产业升级和经济结构调整，促进数字经济的高质量发展。

7. 增强企业竞争力

企业通过数据资产质押融资，不仅解决了资金难题，还能进一步认识到数据的重要性，激励企业加强数据收集、管理和分析能力，提升数据驱动的决策水平，增强其市场竞争力。

综上所述，数据资产质押融资不仅是金融领域的创新实践，更是推动数字经济发展的关键动力，它标志着数据作为一种新型生产要素在现代经济体系中地位的确立，对于激发企业活力、推动产业升级具有深远的意义。

二、数据资产质押融资的路径和方法

数据资产质押融资作为一种新型融资手段，其详细实施过程涉及多个环节，旨在将企业或个人所持有的数据资产转化为实际的资金流，以支持其业务发展或项目推进，见图6-2。下面是这一过程的详细描述。

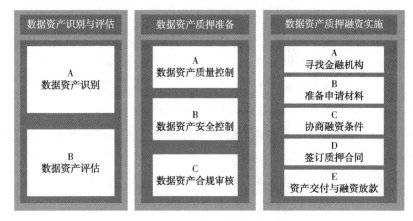

图 6-2　数据资产质押融资

1. 数据资产的识别与评估

数据资产质押融资的第一步是准确识别和评估企业拥有的数据资产。这个过程需要企业内部各部门的协作，特别是数据团队、财务团队和法务团队的共同参与。

（1）数据资产的识别

企业需要全面梳理所拥有的数据资源，包括存储在业务系统的中的结构化数据，还包括各种非结构化数据，如文本、图像、音视频等。以电商平台为例，其可能拥有的数据资源可能包括：

① 用户注册信息和行为数据。

② 商品信息和交易记录。

③ 用户评价和反馈信息。

④ 平台运营数据。

⑤ 营销活动数据。

在识别过程中，需要特别注意数据的来源和使用权限。只有企业拥有完全所有权或被授权可以商业化使用的数据，才能作为质押资产。因此，在这个阶段，法务团队需要仔细审查数据的收集和使用协议，确保企业有权将这些数据用于质押融资。

（2）数据资产的评估

识别出可用的数据资产后，需要对这些数据进行价值评估。数据资产的评估是一个复杂的过程，从数据资产质押融资的视角看，业界还没有统一的标准。但可以从以下几个维度来进行评估：

① 数据规模：评估数据的规模，包括记录数量、存储大小等。

② 数据质量：包括数据的准确性、完整性、一致性和时效性。

③ 数据稀缺性：评估数据的稀缺程度和市场竞争力。

④ 数据应用价值：考虑数据在业务决策、业务优化、市场效益等方面的实际应用价值。

⑤ 数据变现能力：评估数据直接或间接产生收益的能力。

⑥ 数据更新频率：考虑数据的实时性和更新周期。

⑦ 数据安全性：评估数据的保护措施和风险控制能力。

以上述电商平台为例，我们可以这样评估其用户行为数据：

① 数据规模：假设该电商平台拥有 100 万活跃用户，每个用户平均每天产生 100 条行为记录，那么每天产生的数据量约为 1 亿条记录。

② 数据质量：通过数据清洗和验证，确保 95% 以上的用户行为数据是准确和有效的。

③ 数据稀缺性：作为行业前五的电商平台，其用户行为数据具有较高的市场价值。

④ 数据应用价值：这些数据可用于个性化推荐、需求预测、定价策略制定等多个方面，直接影响平台的运营效率和收入。

⑤ 数据变现能力：通过基于这些数据开发的精准广告投放服务，平台每年可产生额外 5000 万元的广告收入。

⑥ 数据更新频率：用户行为数据实时更新，具有很高的时效性。

⑦ 数据安全性：平台采用多重加密和访问控制措施，确保数据的安全存储和使用。

基于以上评估，我们可以得出这套用户行为数据的初步估值。假设采用收益法进行估值，考虑到数据每年可带来 5000 万元的直接收益，再加上其对平台核心业务的支撑作用，我们可以给出一个 3~5 倍的估值倍数。因此，这套用户行为数据的估值范围可能在 1.5 亿~2.5 亿元之间。

需要注意的是，数据资产的价值评估通常需要聘请专业的第三方评估机构来进行。他们会结合行业标准、市场可比对象和具体的数据特征给出更为客观和被金融机构认可的评估报告。

2. 数据资产质押前的准备工作

在确定了可质押的数据资产并完成初步评估后，企业需要进行一系列准备工作，以确保数据资产能够顺利用于质押融资。

（1）数据资产的质量控制

数据质量是提高数据资产价值的关键步骤。以电商平台的用户行为数据为例，数据质量控制可能包括以下步骤：

① 去除重复数据：使用数据质量管理工具删除重复记录。

② 处理缺失值：对于关键属性的缺失值，可以选择删除记录或使用合适的方法填充。例如，对于缺失的用户年龄，可以使用该用户群体的平均年龄填充。

③ 格式化数据：确保日期、时间等字段格式统一。

④ 异常值处理：识别并处理异常值，如非常规的浏览时长或订单金额。

⑤ 数据标准化：对不同来源的数据进行标准化处理，如将不同渠道的用户行为数据整合到一个标准格式。

完成以上工作后，需要对数据进行结构化整理，以便于后续的使用和管理。这可能包括：

① 创建数据字典，详细记录每个字段的含义、类型和取值范围。

② 设计合理的数据存储结构，如使用分布式文件系统（HDFS）存储大规模数据。

③ 建立数据索引，提高查询效率。

（2）数据安全和隐私保护措施

数据安全和隐私保护是数据资产质押融资中的重中之重。企业需要实施全面的安全措施，包括但不限于：

① 数据加密：使用高级加密标准（AES）等算法对敏感数据进行加密存储和传输。

② 访问控制：实施细粒度的访问控制策略，确保只有授权人员能够访问特定数据。

③ 数据脱敏：对于包含个人隐私信息的数据，进行脱敏处理。例如，将用户手机号码中间四位用星号替代。

④ 审计日志：记录所有数据访问和操作行为，便于追踪和审计。

⑤ 数据备份：建立定期备份机制，防止数据丢失。

⑥ 网络安全：部署防火墙、入侵检测系统等网络安全设备，保护数据免受外部攻击。

（3）法律合规性检查

在准备质押数据资产时，企业必须确保所有操作都符合相关法律法规。这需要法务团队进行全面的合规性检查，主要包括：

① 数据收集合法性：审查数据收集过程是否获得了用户的明确授权。

② 数据使用范围：确保数据的使用未超出用户授权的范围。

③ 行业监管要求：检查是否符合行业特定的数据处理规定，如金融、医疗等领域的特殊要求。

④ 跨境数据传输：如涉及跨境数据，需确保符合相关法律规定。

⑤ 数据共享协议：审查与合作伙伴的数据共享协议，确保不违反任何条款。

⑥ 隐私政策更新：如有必要，更新公司的隐私政策，明确说明数据可能用于质押融资。

在完成上述准备工作后，企业需要整理一份详细的数据资产报告，包括数据描述、清洗过程、安全措施、合规状况等信息。这份报告将作为与金融机构洽谈的重要依据。

3. 数据资产质押融资的具体操作步骤

完成了前期的识别、评估和准备工作后，就进入到数据资产质押融资操作环节了。这个过程通常包括以下几个关键步骤：

（1）寻找合适的金融机构

数据资产质押融资目前还属于较为创新的金融产品，并非所有金融机构都能提供这项服务。因此，第一步是要找到合适的金融机构。

实操建议：

① 优先考虑在金融科技领域有探索的银行，如平安银行、招商银行等。

② 关注专注于科技企业服务的新兴金融科技公司，如蚂蚁金服、京东数科等。

③ 可以通过行业协会、金融科技展会等渠道获取相关信息。

④ 与多家机构进行初步接触，了解他们的融资产品和条件。

以电商平台为例，假设通过多方接触，最终选定了 A 银行作为潜在的合作方。A银行有专门的数据资产质押融资部门，并且在电商行业有丰富的相关经验。

（2）准备质押申请材料

确定了合作的金融机构后，下一步是准备详尽的质押申请材料。这些材料通常包括：

① 公司基本信息：

a）营业执照、组织机构代码证、税务登记证（或三证合一的营业执照）。

b）公司章程。

c）法定代表人身份证明。

d）最近三年的审计报告和最新的财务报表。

② 数据资产相关材料：

a）数据资产详细描述报告（包括数据类型、规模、来源等）。

b）第三方评估机构出具的数据资产评估报告。

c）数据资产清单和样本（脱敏处理后）。

d）数据安全和隐私保护措施说明。

e）数据资产使用和变现计划。

③ 融资方案：

a）融资金额和期限。

b）资金用途说明。

c）还款来源和计划。

④ 其他补充材料：

a）行业分析报告。

b）公司发展规划。

c）主要客户和合作伙伴信息。

实操建议：

① 指定专人（如财务总监或数据部门负责人）统筹协调各部门，确保材料的完整性和一致性。

② 聘请专业的财务顾问和法律顾问协助准备材料，特别是在数据资产评估和法律合规性方面。

③ 准备一份详细的数据资产使用和管理方案，说明如何在质押期间保持和

提升数据资产的价值。

以电商平台为例，除了常规的公司信息外，重点准备了以下材料：

①用户行为数据资产报告：详细描述了平台的用户规模、活跃度、消费行为特征等。

②数据价值评估报告：邀请了知名数据评估公司出具报告，给出了2亿元的评估价值。

③数据安全白皮书：详细介绍了平台的数据加密、访问控制、审计日志等安全措施。

④数据变现计划：提出了基于用户行为数据开发新的广告投放系统和智能推荐引擎的计划，预计能在未来三年内带来至少1.5亿元的增量收入。

⑤数据管理方案：详细说明了如何在质押期间持续更新和维护数据资产，包括日常数据采集、清洗、存储的流程，以及定期的数据质量审核机制。

（3）协商融资条件

有了完整的申请材料，接下来就是与金融机构进行深入沟通，协商具体的融资条件。这个过程通常涉及多轮谈判，需要企业展现足够的诚意和灵活性。

关键谈判点通常包括：

①融资额度：通常金融机构会根据数据资产评估价值的一定比例（如50%~70%）确定最高融资额度。

②利率：可能会高于传统抵押贷款，但应低于纯信用贷款。

③融资期限：考虑到数据资产的特殊性，期限可能会相对较短，通常在1-3年。

④还款方式：可以协商灵活的还款方式，如前期只付息、后期本息一起偿还等。

⑤质押方式：讨论如何实现数据资产的"质押"，可能涉及数据托管、使用权限等问题。

⑥风险控制措施：如定期评估机制、预警指标等。

⑦违约处理：明确违约情况下的处理方式，包括数据资产的处置权等。

实操建议：

①组建专业的谈判团队，包括公司高管、财务专家、法律顾问和数据专家。

②准备多套融资方案，以应对不同情况。

③ 特别关注数据资产的估值和质押方式，这是最容易产生分歧的地方。

④ 可以考虑邀请金融机构实地考察，增进对公司和数据资产的了解。

以电商平台为例，经过多轮谈判，最终与 A 银行达成了以下初步协议：

① 融资额度：1 亿元（数据资产评估价值的 50%）。

② 年利率：8%（低于 A 银行同期信用贷款利率）。

③ 融资期限：2 年。

④ 还款方式：前 6 个月只付息，后 18 个月等额本息还款。

⑤ 质押方式：数据使用权受限，但日常经营不受影响；设立专门的数据托管账户。

⑥ 风险控制：每季度由第三方机构对数据资产进行评估，如价值下降超过 20%，需要追加质押或提前还款。

⑦ 违约处理：如发生违约，银行有权处置数据资产，但须遵守相关法律法规和保密协议。

（4）签订质押合同

达成初步协议后，下一步是签订正式的质押合同。这份合同将详细规定双方的权利义务，是整个融资过程的法律保障。

合同主要内容包括：

① 质押物描述：详细描述被质押的数据资产，包括类型、规模、来源等。

② 质押范围：明确质押的是数据资产的所有权、使用权还是收益权。

③ 融资条件：包括额度、利率、期限、还款方式等。

④ 质押期间的数据管理：规定数据的存储、使用、更新等事项。

⑤ 双方权利义务：如借款人的数据维护义务、贷款人的保密义务等。

⑥ 风险控制措施：如定期评估、预警机制等。

⑦ 违约处理：明确违约情形及相应的处理方式。

⑧ 争议解决：约定发生争议时的解决方式。

实操建议：

① 聘请专业律师团队参与合同起草和审核。

② 特别关注数据管理和使用的条款，确保不会影响公司的正常经营。

③ 对于一些新型概念（如数据所有权、使用权等），可能需要在合同中进行明确定义。

④ 考虑设立单独的数据管理协议，作为质押合同的附件。

在以上案例中，电商平台与 A 银行签订了一份详细的《数据资产质押融资协议》，其中特别强调了以下几点：

① 质押范围：质押的是用户行为数据的使用权和收益权，所有权仍归公司所有。

② 数据管理：公司保留对数据的日常使用权，但重大的数据处理活动（如数据销售）需通知银行。

③ 保密义务：银行及其聘请的第三方评估机构对接触到的数据负有严格的保密义务。

④ 质押期间的数据更新：公司承诺持续更新和维护数据，保持其价值。

⑤ 违约处理：如公司违约，银行有权处置数据资产，但必须通过具有相关资质的数据交易平台进行，并严格遵守数据保护法规。

（5）数据资产交付和融资放款

合同签订后，最后一步是数据资产的"交付"和融资款项的发放。由于数据资产的特殊性，这个"交付"过程与传统资产质押有所不同。

具体操作可能包括：

① 设立数据托管账户：在可信的第三方机构（如专业的数据托管公司）设立专门的数据托管账户。

② 数据备份：将质押的数据资产完整备份到托管账户中。

③ 访问权限设置：根据合同约定，设置银行或第三方评估机构对数据的访问权限。

④ 设立监管机制：实施技术手段，确保公司无法擅自删除或转移托管账户中的数据。

⑤ 签署交接确认书：双方确认数据资产已妥善"交付"。

⑥ 融资放款：银行完成最后的审核后，将融资款项转入公司指定账户。

实操建议：

① 选择信誉良好、技术实力强的第三方机构作为数据托管方。

② 制定详细的数据交付流程，包括数据格式、加密方式、传输协议等。

③ 在数据交付过程中，务必确保数据安全，防止泄露。

④ 考虑采用区块链等技术，增强数据交付过程的可信度和可追溯性。

在我们的案例中，电商平台采取了以下步骤：

① 选择了国内知名的数据托管服务商作为第三方托管机构。

② 在托管机构设立了专门的加密数据仓库，存储了完整的用户行为数据备份。

③ 实施了基于区块链的数据操作日志系统，记录所有对托管数据的访问和操作。

④ 为 A 银行和指定的第三方评估机构设置了受限的数据访问权限，仅能进行必要的查看和分析，无法导出或修改数据。

⑤ 公司、银行和托管机构三方共同签署了《数据资产交付确认书》。

⑥ A 银行在确认数据妥善交付后的 3 个工作日内，将 1 亿元融资款打到了公司指定账户。

至此，整个数据资产质押融资的流程就基本完成了。但这并不是终点，接下来公司还需要做好数据资产的日常管理和维护，定期接受银行的监督和评估，按时还款，以确保整个融资过程的顺利进行。

第三节　数据资产证券化如何实现

一、数据资产证券化的价值和意义

数据资产证券化是一种金融创新手段，通过将数据资产产生的未来现金流转换为可交易的证券产品，实现数据资产价值的即时变现和流动性增强。其价值和意义主要体现在以下几个方面：

1. 提高资产流动性

数据资产证券化能够将原本不易流通的数据资产转化为在二级市场交易的证券，大大提高了数据资产的流动性，使得数据持有者能够迅速获得现金，用于再投资或其他资金需求。

2. 拓宽融资渠道

对于拥有大量数据资产但缺乏传统抵押物的企业来说，数据资产证券化提供了一条新的融资渠道。这尤其适合科技公司、互联网企业等数据密集型行业，帮助它们利用自身的核心资产——数据来筹集资金。

3. 降低融资成本

通过证券化，企业能够直接对接资本市场，绕过传统银行贷款的限制和高昂的中间费用，通常能以更低的利率获得资金，降低了融资成本。

4. 分散风险

数据资产证券化允许原始数据资产持有者将与数据相关的风险转移给投资者，通过资产池的构建和分层，不同风险偏好的投资者可以选择不同的证券层级，实现风险分散。

5. 优化资产负债表

证券化过程可以将数据资产从资产负债表中移除，转变为即时现金流，有助于企业改善财务结构，降低负债比率，提高资本效率。

6. 促进数据市场发展

数据资产证券化的实践推动了数据评估、确权、保护等配套服务的发展，加速了数据要素市场的成熟，促进了数据价值的发现和定价机制的形成。

7. 激励数据创新和投资

通过证券化，数据的价值得以直接体现在资本市场上，这将激励企业更加重视数据的收集、分析和应用，推动数据驱动的商业模式创新和投资。

8. 增加金融产品多样性

数据资产证券化丰富了金融市场的投资品种，为投资者提供了新的投资机会，同时也有助于金融市场的深化和多元化。

综上所述，数据资产证券化不仅为数据持有者提供了新的融资工具，也促进了金融市场的创新与数据经济的繁荣，是数字经济时代金融体系发展的重要方向。

二、数据资产证券化的路径和方法

数据资产证券化作为一种复杂的金融操作（图6-3），其路径和方法主要包括以下几个核心步骤。

图 6-3　数据资产证券化

(一) 数据资产识别与评估

筛选标准：企业首先需识别哪些数据集具有高价值、可变现的潜力。这通常涉及大数据分析，找出用户行为模式、交易记录、市场趋势预测等方面的有价值信息。数据的独有性、完整性、连续性和市场需求是关键考量因素。

确权与合规：确保数据收集、处理和使用符合 GDPR、CCPA 等数据保护法规，明确数据所有权归属，避免潜在的法律纠纷。

价值量化：采用定量分析方法，如 DCF (折现现金流) 模型，评估数据在未来产生的预期收益。还需考虑数据的时效性、更新频率、行业应用前景等因素。

(二) 构建资产池

资产选择与组合：基于风险分散原则，选择不同来源、不同类型的高质量数据资产组合，减少单一数据源的风险。

现金流规划：设计合理的现金流模型，确保资产池能够产生稳定且可预测的现金流，为证券化产品提供支持。

(三) 结构设计与信用增级

分层设计：将资产池的现金流分为优先级和次级证券，优先级证券享有先偿还权，适合风险厌恶型投资者；次级证券则承担更多风险，但潜在回报也更高。

信用增强措施：通过建立超额现金流覆盖、设置储备基金、获取第三方担保等方式提高证券信用评级，降低违约风险。

(四) 法律结构与合规

SPV 设立：在法律上隔离原始数据拥有者与证券化资产，通过 SPV (特殊目的载体) 持有和管理数据资产，保护投资者免受原始权益人破产风险的影响。

法律文件：起草详细的法律文件，包括但不限于发行说明书、信托协议、服务协议，确保所有环节符合监管要求。

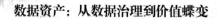

（五）发行与销售

市场定位与推广：明确目标投资者群体，通过路演、投资银行合作等方式进行市场推广。

评级与审计：邀请国际信用评级机构进行信用评级，增强市场信任度，并接受会计师事务所的财务审计，确保透明度。

（六）监管备案与信息披露

监管审批：向相关金融监管机构提交申请，获取发行许可。

持续信息披露：定期发布资产池表现报告、现金流预测、重大事件公告等，维护市场信息的透明度和及时性。

（七）资金管理与服务

资产管理：委托专业机构负责数据资产的日常运营与维护，保证数据质量与安全。

偿债安排：建立完善的偿债机制，确保按时支付给投资者本金和利息。

（八）风险监控与资产处置

风险预警系统：建立风险监控体系，及时发现并应对数据市场变化、技术更新、合规风险等。

资产到期处理：制定清晰的资产处置计划，包括资产再出售、续期或按合同约定方式处理，确保投资者利益得到妥善安排。

数据资产证券化是一个多维度、跨学科的过程，它不仅要求对金融市场有深刻理解，还需要对数据科学、法律合规等领域有充分的认识。随着技术进步和市场成熟，这一领域正展现出巨大的发展潜力和挑战。

第四节　数据资本化典型案例

数据资本化的过程是一个复杂但极具前景的创新融资方式。它不仅可以帮助数据密集型企业盘活数据资产、获取资金支持，还能推动整个行业对数据价值的重新认识和评估。然而，由于其创新性，在实际操作中可能会遇到各种挑战，如数据估值的不确定性、法律法规的滞后性、数据安全和隐私保护的难度等。因此，企业在尝试这种融资方式时，需要充分做好准备，并与金融机构保持密切沟通，共同探索最佳实践。表6-1是我国近期数据资本化的案例，以供参考。

表6-1 国有企业数据资产入表/融资案例表

万元

序号	国企集团	是否发债	入表/融资子公司名称	数据资产内容	数据资本化方式	融资/交易金额/入表金额
1	南京公用控股（集团）有限公司	是	南京公共交通（集团）有限公司	约700亿条公交数据	入表+融资	1000
2	成都市金牛城市建设投资经营集团有限公司	是	成都市鑫金大数据建设运营有限责任公司	企业内部智慧水务监测数据以及运营数据等城市治理数据	入表	—
3	北京朝阳国有资本运营管理有限公司	是	北京商务中心区区块链科技有限公司	—	入表	—
4	江苏盐城城投控股集团有限公司	是	—	集装箱码头生产操作系统（TOS）、电子口岸系统、港机设备物资管理系统（EAM）、散杂货生产管理系统（MES）数据	入表	4000
5	四川发展（控股）有限责任公司	是	四川发展数字金沙科技有限公司	在公文资讯领域创新打造的"公文助手"数据产品	入表	—
6	成都产业投资集团有限公司	是	成都数据集团股份有限公司	公共数据运营服务平台运行产生的数据	入表	—
7	重庆巴渝文化旅游产业集团有限公司	是	重庆巴渝数智城市运营服务有限公司	智慧停车数据	入表	—
8	泉州交通发展集团有限责任公司	是	泉州大数据运营服务有限公司	泉数工采通数据集	入表	—
9	温州市国有金融资本管理有限公司	是	温州市大数据运营有限公司	信贷数据	入表	—
10	无锡市梁溪经济发展投资集团有限公司	是	无锡市梁溪大数据有限公司	—	入表	—
11	苏州高铁新城国有资产控股（集团）有限公司	是	先导（苏州）数字产业投资有限公司	苏州高铁新城交通路侧感知数据	入表	—
12	合肥兴泰金融控股（集团）有限公司	是	合肥市大数据资产运营有限公司	公共交通出行数据资产	入表	—

续表

序号	国企集团	是否发债	入表／融资子公司名称	数据资产内容	数据资本化方式	融资／交易金额／入表金额
13	临沂城市建设投资集团有限公司	是	临沂铁投城市服务有限公司	临沂市高铁北站停车场数据资源集	入表	—
14	广东省交通集团有限公司	是	广东省联合电子服务股份有限公司	高速公路数据	入表	—
15	北京亦庄投资控股有限公司	是	—	"双智"协同数据集	入表	—
16	南京扬子国资投资集团有限责任公司	是	—	3,000户企业用水脱敏数据	入表	—
17	天津市河北区产业发展集团有限公司	否	天津河北区供热公司	—	入表	—
18	豫信电子科技集团有限公司	否	河南数据集团有限公司	"企业土地使用权"数据	入表＋融资	—
19	青岛华通国有资本运营集团有限公司	是	—	企业信息核验数据集	入表	—
20	广东南方报业传媒集团有限公司	是	广东南方财经全媒体集团股份有限公司	金融终端"资讯通"	入表＋融资	500
21	济南能源集团有限公司	是	—	供热管网 GIS 系统数据	入表	—
22	山西金融投资控股集团有限公司	是	山西省绿色交易中心有限公司	绿色环境效益测算模型及应用系统	入表	—
23	山东高速集团有限公司	是	—	财务智能分析平台、路网车流量和对公数字支付科技平台产品	入表	—
24	湖北澴川国有资本投资运营集团有限公司	是	—	孝感市城区泊位状态应用数据	入表	入账价值351万元，评估价值逾7200万元
25	山东省港口集团有限公司	是	—	干散货码头货物转水分析数据集	入表	—
26	国网浙江省电力有限公司	否	国网浙江新兴科技有限公司	"双碳绿色信用评价数据"产品	价值评估	—

续表

序号	国企集团	是否发债	入表/融资子公司名称	数据资产内容	数据资本化方式	融资/交易金额/入表金额
27	江苏宿城国有资产经营管理有限公司	是	江苏钟吾大数据发展集团有限公司	宿迁宿城区内企业近一年行政处罚可视化分析数据	交易	8
28	玉环市国有资产投资经营集团有限公司	是	浙江侠云科技有限公司	水暖阀门行业（工业端）主数据产品	交易	2.7
29	天津临港投资控股有限公司	是	—	"天津港保税区临港区域通信管线运营数据"知识产权证书和"临港港务集团智脑数字人"知识产权证书	质押融资	1500
30	江苏运东控股集团有限公司	否	宿迁易通数字科技有限公司	园区平台企业经营能力计算与分析模型	质押融资	1000
31	湖州莫干山国有资本控股集团有限公司	是	德清县车网智联产业发展有限公司	德清自动驾驶仿真场景车数据	质押融资	1000
32	泰安市泰山城建集团有限公司	否	泰安市泰山发展投资有限公司	"泰山易停"停车数据	融资	1500
33	盐城市大数据集团有限公司	否	—	—	质押融资	20000
34	四川省旅游投资集团有限责任公司	否	四川旅游数字信息产业发展有限责任公司	"标准地库"数据产品	无质押融资	500
35	泰安市泰山产业发展投资控股集团有限公司	是	泰安市泰山新基建投资运营有限公司	—	融资	600
36	济宁市国有资产投资控股有限公司	是	山东政信大数据科技有限公司	济宁市企业信用金融服务数据	无质押融资	300
37	杭州高新金投控股集团有限公司	是	—	145件知识产权（其中包含2件数据知识产权）	数据知识产权证券化	10200
38	青岛华通国有资本投资运营集团有限公司	是	青岛华通智能科技科研究院有限公司	基于医疗数据开发的数据保险箱（医疗）产品	作价入股	100

第七章
数据资产时代的挑战

第一节　数据资产市场的泡沫及应对策略

一、数据资产泡沫：现象、成因

数据资产，这种无形的财富，其估值的复杂性远超实体资产，因此暗藏着"泡沫化"的风险。具体来说，这种泡沫可能源于多个方面：企业自身数据资产的价值会随业务变迁和数据特性而波动；在数据整合、产品化，尤其是金融化过程中，如数据证券化、数据信贷等，泡沫可能悄然滋生；而当前尚未成熟的数据市场，加之非专业人士和投机者的涌入，以及过度的概念炒作，都可能催生数据泡沫。面对这些风险，我们必须保持审慎，理性投资。

二、数据资产泡沫风险防范：精准定位与量化评估

为了防范数据资产泡沫，我们需要采取一系列策略：

首先，要精准定位数据资产的价值。这要求我们全面、客观地审视数据的核心价值，如用户信息、交易数据等，并深入探索这些数据如何为企业带来实际价值。同时，数据的可靠性、完整性及其对业务决策的影响也是评估的重要因素。

其次，数据治理至关重要，从数据采集到应用的每一个环节都需严格把控，确保数据的质量和可信度，特别是数据隐私和安全保护。

再者，建立科学的数据资产估值模型，结合数据的现金流、市场需求等因素，采用适当的评估方法，为数据资产提供精准的估值。

此外，我们还应致力于提升数据资产的实际应用和商业化能力，发掘更多的应用场景和商业模式，实现数据的商业价值；同时，定期审查和评估数据资产，

以及提高数据流通性和交易透明度，都是防范泡沫的重要措施。

最后，强有力的监管和法律规范也是必不可少的保障，它们能有效防止数据资产泡沫的产生，确保市场的健康稳定发展。

第二节　揭开"数据腐败"的黑幕，探索防范之道

一、数据腐败现象透视

数据腐败，或称"数字腐败"，当数据的真实性在人为干预下被扭曲，当指标被伪造，当个人利用数据谋取私利，数据腐败便悄然滋生。它的破坏力不容小觑，可能导致错误的决策、资源的错配，更甚者会动摇公众对数据的信任。

数据造假、以数谋私、违规泄露、系统性操纵……这些都是数据腐败的丑陋面目。而它的危害，不仅局限于企业内部，更可能波及整个市场，误导政府决策，甚至侵蚀我们的社会信用体系。

因此，我们必须正视这个问题，强化数据的管理与监督。构建一个健全的数据治理系统，预防和打击数据腐败，为数字经济的健康发展保驾护航。这是我们的当务之急，也是长远之计。

二、数据腐败的防治策略

在数据驱动的时代，数据如同企业的生命线。但数据腐败，如同潜藏的病毒，随时可能侵蚀这条生命线。要抵御这一威胁，我们必须构筑全方位的防御体系。

制度与规范，是抵御数据腐败的第一道屏障。明确的管理政策与操作规程，为数据的使用划定了红线，确保了数据的合规流通。而数据质量控制与合规性审查，则如同数据的守门人，保障每一份数据的真实与完整。

技术手段，是数据的坚实护卫。加密、防泄漏、区块链等技术的融合应用，为数据披上了层层铠甲，确保其安全无忧。

但技术并非万能，人的因素同样关键。通过教育与培训，我们强化员工的数据伦理与安全意识，让每一位员工都成为数据的守护者。

此外，明确的组织结构与责任划分，使得数据管理更为高效与有序。而风险

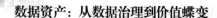

评估与应急响应，则让我们在面临危机时，能够迅速应对，将风险降至最低。

最后，一个诚信的企业文化，能够从根本上遏制数据腐败的滋生。在这样的文化中，员工会自觉维护数据的真实与完整，共同抵制任何形式的数据腐败。

综上，通过制度、技术、人员、组织与文化五大方面的综合布局，我们可以为数据打造一个坚不可摧的堡垒，确保企业在数据的海洋中稳健航行。

第三节　数据垄断与反垄断的新战场

一、数据垄断的浮现及其背后的驱动力

数据，这一经济活动的"副产品"，随着每次交易、每次点击悄然生成。在市场上站稳脚跟的巨头们，凭其庞大的业务规模和用户基础，得以积累并掌握海量的数据资源。数据的挖掘和应用形成了一个自我增强的闭环：企业通过数据精细打磨产品、提升用户体验，进而吸引更多用户，再收集更多数据，持续优化产品。这种正反馈机制，使大企业和平台在数据、资本、技术上的优势日益凸显。但数据的价值，不仅作为生产要素，更在于其成为巨头们巩固和扩张市场垄断地位的利器。数据垄断不仅是对数据的独占，更是通过数据的采集、解析和运用，来驾驭市场、消费者和产品。这种垄断构筑的数据屏障，让掌握数据、算法和算力的企业日益强大，与其他企业的数据鸿沟越来越宽，形成难以跨越的市场门槛。

二、数据资产在国际与国内反垄断法视角下的规制探讨

在数字化的今天，数据已跃升为宝贵的资产。但数据垄断的阴影也随之而来，其潜在风险不容忽视。数据垄断者或许会借助算法来操纵用户，实施不当商业手段，甚至对公共利益与国家安危造成威胁。因此，从全球到本土，反垄断法对数据的管制至关重要。

数据垄断之害，首先是可能诱导用户。某些网络公司通过算法推荐，精准投放广告，这种基于用户数据的操作有时游走在合规边缘。再者，跨行业数据整合隐藏的风险常被忽视，数据驱动型的并购需受到更严格的审视。最后，数据垄断有可能触及公共利益，甚至国家安全。

那么，如何界定一个平台是否形成了数据垄断？核心在于它是否凭借数据优势构筑了市场竞争的壁垒，是否滥用数据优势在其他市场谋求主导地位，是否利用数据进行价格歧视、合谋或掠夺性定价，以及是否侵犯了消费者的隐私。

为了遏制数据垄断的负面效应，我们有两个主要目标：一是确保数据不成为市场准入的障碍，保持市场的良性竞争；二是防止具有数据优势的企业损害消费者利益。

从全球视角看，竞争政策的灵活调整是核心。欧盟、美国等法域已经开始反思现有的反垄断架构如何适应数字时代。以欧盟为例，其通过《数字市场法案》和《数字服务法案》加强了对网络巨头的监督，包括数据共享与互操作性的规定，以推动公平竞争。同时，数据的可移植性与互操作性成为打破数据垄断的关键，这有助于削弱单一企业对数据的掌控。此外，在并购审查中，国际反垄断机构更加警觉数据集中的风险，以预防数据过度集中对新进入者和创新的压制。

而从我国的情况来看，数据的权属与流通规则是改革的焦点。我们正在探索数据资产的确权机制，旨在明确数据的所有权、使用权等，以促进数据的合规流通。同时，数据的分类管理不仅关乎信息安全，也是反垄断考量的一环。此外，《反不正当竞争法》也逐渐覆盖到数据领域的竞争问题，以防止数据被滥用以巩固市场地位。最后，我们鼓励公共数据的开放与共享，并探索数据交易市场和产权交易机制，以促进数据资源的高效利用，并防止数据巨头的出现。

总的来说，无论是国际还是国内，我们都对数据资产的管制给予了极大的关注，旨在推动数据的合理利用与流通，同时防范数据垄断的潜在风险，以确保数字经济的稳健与持续发展。

第八章
数据治理常见误区

一、只有大公司才适合开展数据治理

数据治理并非仅仅是大型企业的专利，而是所有企业，无论规模大小，都需紧握的钥匙。这把钥匙，开启的是数据价值的大门，确保信息的准确性、可靠性与安全性，为企业的每一步决策提供坚实支撑。

对于中小企业而言，尽管数据量或许不如大企业那般浩瀚，但数据的"含金量"同样不容忽视。它们或许没有庞大的数据治理团队和复杂的系统，但可以通过精准的策略，实现数据治理的"小而精"。

策略上，中小企业应秉持"聚焦核心，灵活应变"的原则。首先，明确数据治理的短期与长期目标，将有限的资源集中用于解决最紧迫、最关键的问题，如提升数据质量、加强数据安全等。其次，简化治理流程，避免过度复杂化带来的执行难题，确保数据治理活动能够高效、顺畅地进行。

在实施过程中，中小企业应采取"步步为营，持续迭代"的策略。不必追求一步到位，而是从基础做起，逐步建立和完善数据治理体系。同时，保持对新技术、新方法的敏锐洞察，不断在实践中优化和调整策略，确保数据治理工作始终与企业的业务需求和发展方向保持一致。

此外，中小企业还应积极寻求外部合作与支持。与专业的咨询公司、技术提供商或行业伙伴建立合作关系，可以为企业带来先进的治理理念、技术和工具，帮助企业快速提升数据治理能力。同时，通过共享资源、交流经验，中小企业还可以与同行共同成长，共同应对数据治理带来的挑战。

总之，数据治理是中小企业在数字化时代中不可或缺的一环。掌握其底层逻辑，以灵活、精准、持续的方式推进数据治理工作，中小企业将能够充分释放数据的价值潜力，为企业的长远发展奠定坚实的基础。

二、数据治理的方法和框架是否是一成不变的

答案是不是。数据治理的疆域并非由既定的框架与方法一统天下，而是如同广袤原野，需各组织依据自身独有的地形地貌，精心绘制治理蓝图。诚然，市面上不乏数据治理的"导航图"与"工具箱"，它们如同星辰般指引方向，但真正的智慧在于，如何将这些外部智慧内化为组织的血肉，打造出独一无二的最佳实践。

组织在探索数据治理之路时，应秉持"量身定制，动态调整"的原则。如同匠人雕琢艺术品，每一凿一磨皆需贴合材料的纹理与色泽，数据治理策略亦需紧密贴合组织的业务脉络、文化土壤及发展目标。唯有如此，方能确保数据治理不仅成为规范流程的枷锁，更是推动业务创新与增长的强劲引擎。

更进一步，数据治理应被视为一场永无止境的旅程，而非一劳永逸的终点。随着业务的快速迭代与市场的瞬息万变，数据治理的策略与方法亦需随之起舞，保持高度的灵活性与适应性。这意味着，组织需建立一种持续改进的文化氛围，鼓励团队成员勇于尝试、敢于创新，不断审视现有治理体系的效能与效率，适时调整策略，以应对新的挑战与机遇。

总之，数据治理的最佳实践，是组织在深刻理解自身需求与外部环境的基础上，通过灵活定制、动态调整与持续改进所达成的理想状态。它不仅是技术层面的优化升级，更是组织治理理念与文化氛围的深刻变革。在这场变革中，每个组织都将是自己命运的舵手，引领着数据治理的航船，驶向更加辉煌的未来。

三、数据治理仅是 IT 部门的事儿

数据治理绝非 IT 孤岛上的独角戏，它是一场关乎全局的交响乐，每一个业务部门都是不可或缺的演奏者。数据治理的精髓，在于与业务的深度交融，而非简单的技术堆砌。

首先，数据治理的蓝图需由业务需求勾勒。若仅从技术视角审视，无异于盲人摸象，难以触及数据治理的核心价值。唯有深入理解业务需求，方能确保数据之舟，精准导航至业务价值的彼岸。因此，数据治理策略的制定，必须紧贴业务脉搏，量身定制。

其次，数据治理的终极目标，是铸就数据之盾，捍卫决策与运营的精准与高效。若脱离业务需求，单纯追求数据的华美外衣，无异于舍本逐末。数据的准确

性、一致性与完整性，唯有在业务的检验下，方能彰显其真正价值。

再者，数据治理若成空中楼阁，远离业务实际需求，终将沦为无人问津的技术摆设。数据的生命，在于服务业务，驱动增长。若数据治理未能融入业务血脉，其生命力将大打折扣。

最后，数据治理的成功，是团队协作的结晶。IT 部门与业务部门需携手并肩，共同编织数据治理的宏伟篇章。任何一方的缺席，都将导致乐章的残缺。唯有部门间紧密合作，相互支撑，方能奏响数据治理的最强音。

总而言之，数据治理是一场业务与技术的深度对话，是组织智慧的集中体现。它要求我们以业务需求为指引，以技术为工具，共同绘制出数据治理的宏伟蓝图。唯有如此，方能实现数据的最大价值，为组织的持续发展注入强劲动力。

四、数据治理可以一次到位

数据治理绝非一蹴而就的短跑，它可以有阶段目标和阶段成果，但要取得长效，则是一场考验耐力与智慧的马拉松。它是一场深刻的变革，触及组织的每一个角落，贯穿数据的全生命周期——从采集的源头到应用的终端，无一不彰显其深远影响。

首先，构建数据治理的坚固基石，即体系构建，是这场马拉松的起点。它要求组织不仅要有明确的政策导向，还需设立专门的治理架构，明确权责分配，确保每个环节都有人负责，每个决策都有据可依。这不仅是制度的建立，更是文化的塑造，需要时间的沉淀与全员的共识。

其次，数据的梳理与整合，如同马拉松途中的艰难爬坡，既考验体力也考验毅力。它要求我们面对海量数据，不畏繁琐，勇于清理历史的尘埃，实现数据的标准化、分类化，构建起清晰的数据图谱与元数据体系。这一过程，虽耗时长且费力，却是数据价值释放的前提。

再者，数据治理的制度建设与流程优化，如同马拉松中的补给站，为前行的道路提供持续的动力与保障。从数据使用的合规性到安全性的守护，从访问控制的精细管理到安全体系的稳固构建，每一步都需精心策划，持续监控，确保数据在流动中不失控，在利用中不失真。

最后，数据治理的成效，如同马拉松的终点线，虽遥远却充满诱惑。它不在于一时的冲刺，而在于长期的积累与观察。通过持续的数据质量监控、风险评估与价值挖掘，我们方能见证数据治理如何悄然间重塑组织生态，驱动业务创新，实现数据的最大价值。

因此，数据治理是一场需要耐心与坚持的征程。组织应当秉持长期主义精神，将数据治理视为组织发展的基石，持之以恒地投入资源，优化流程，方能在这场马拉松中稳步前行，最终抵达成功的彼岸。

五、数据治理工作一定会成功

数据治理如果方法不当也会导致失败。在数据治理的征途上，我们不得不正视一个残酷的真相：失败，往往如影随形。尽管它已成为现代企业管理的标配，但成功的灯塔却寥寥无几，Gartner 的冰冷数据揭示了超过九成项目折戟沉沙的残酷现实。那么，这背后的逻辑何在？

首先，轻视之祸，让数据治理步履维艰。数据乱象丛生，企业却往往选择视而不见，以权宜之计掩盖数据之痛，殊不知这已是饮鸩止渴。数据治理被边缘化，缺乏顶层设计的引领，与企业战略脱轨，自然难以获得管理层的青睐与资源的倾斜，最终只能沦为一场场半途而废的闹剧。

其次，期望之殇，让数据治理急功近利。高层与业务部门寄予厚望，却忽略了数据治理的渐进性与系统性，幻想一蹴而就，解决所有顽疾。这种不切实际的期待，如同给数据治理套上了沉重的枷锁，盲目投入，却收效甚微，最终只能陷入混乱的泥潭。

再者，业务之隔，让数据治理价值难显。技术部门主导的数据治理，往往忽略了业务的真实需求，成为了一场数据搬运的独角戏。数据虽被精心梳理，却未能融入业务血液，其价值无法被充分发掘与利用。于是，数据治理成了无源之水，无本之木，难以获得管理层与业务部门的认可与支持。

最后，意识之缺，让数据治理难以为继。企业数据管理意识的淡薄，如同沙漠中的旅人缺乏水源，数据治理工作自然难以持续。缺乏战略规划、管理机制、组织架构与人才梯队的建设，数据治理只能依赖外部输血，一旦外力撤离，便迅速衰落，前功尽弃。

综上所述，数据治理的失败并非偶然，而是多重因素交织的必然结果。唯有正视这些问题，从根源上加以解决，方能打破失败的魔咒，让数据治理真正成为企业腾飞的翅膀。

六、数据治理可以一劳永逸

在数据治理的广阔天地里，没有一劳永逸的捷径可走，它是一场永无止境的征途，与业务的脉动、技术的浪潮以及法规的变迁共舞。

首先，业务之舟，随风而动。随着市场的起伏、产品的迭代、策略的调整，数据的需求与运用方式亦如潮汐般变化。数据治理，便是那掌舵之人，需敏锐捕捉风向，灵活调整策略，确保数据之舟始终稳健前行，精准对接业务需求的风口。

其次，技术之海，波涛汹涌。在数字化的浪潮中，新技术如雨后春笋般涌现，为数据处理、存储与分析插上了翅膀。数据治理，必须是一位勇敢的航海家，敢于拥抱变革，善于利用新技术这艘快艇，加速数据管理的效率与质量，让数据价值在更广阔的天地间翱翔。

再者，法规之岸，时移势易。数据保护、隐私与安全的法规，如同守护数据海洋的灯塔，其光芒随时间与地域的变迁而调整。数据治理，必须是一位细心的守护者，时刻关注法规的动态，确保组织的航行始终在合规的航道上前行，避免触礁的风险。

最后，数据之源，生生不息。数据质量，是数据治理的生命线。它如同清泉，需不断净化与滋养，方能保持其清澈与活力。数据治理，便是那勤劳的园丁，需定期对数据进行清洗、验证与更新，确保数据的准确性、完整性与一致性，让数据的价值得以持续绽放。

总之，数据治理是一场马拉松，而非短跑。它要求我们具备持续投入的决心、灵活应变的智慧以及严谨细致的态度。只有这样，我们才能在数据治理的道路上越走越远，让数据的力量为组织的发展注入源源不断的动力。

七、数据质量问题是 IT 管理的无能

面对数据质量问题，我们不宜轻率地将责任归咎于 IT 管理的无能，因为这是一场多维度交织的战役，需各方共同努力方能取胜。

首先，我们要认识到，数据质量之基，在于数据源头的纯净。数据源若含杂质，则后续处理再精细也难以挽回。这些杂质可能源自业务操作中的疏漏、数据录入时的马虎，或是数据集成时的对接不畅。IT 管理虽能施展技术魔法进行清洗

与校验，但源头治理才是根本。

其次，业务流程的规范与规则的明确，是数据质量的重要保障。若流程如脱缰野马，规则模糊不清，那么数据在流转过程中便易失真。因此，IT 管理需与业务部门并肩作战，共同梳理和优化业务流程，确保每个环节都紧扣数据质量的生命线。

再者，数据质量还关乎组织文化的深度与广度。一个对数据质量漠不关心的组织，其数据治理注定难以成功。我们需要培育一种以数据为尊、质量为先的文化氛围，让每位员工都成为数据质量的守护者。

最后，IT 管理在数据治理中虽扮演关键角色，但绝非孤军奋战。它需与其他部门建立紧密的合作伙伴关系，共同应对数据治理中的各种挑战。这种跨部门的协同作战，不仅能提高数据治理的效率与效果，还能促进组织内部的沟通与理解。

总之，数据治理中的数据质量问题是一个复杂而艰巨的任务，需要我们从多个角度进行深入剖析和全面应对。只有这样，我们才能在这场战役中赢得最终的胜利。

八、数据治理会制约业务数据化进程

通常不会，反而有助于推动和促进业务数据化进程。

（一）筑基数据标准，赋能业务决策

数据治理，犹如一位匠人，精心雕琢出数据标准、质量与模型的璀璨明珠，为业务数据化铺设了一条清晰、统一的道路。这不仅让业务部门在数据的海洋中有了导航灯塔，更使数据成为他们手中锋利的决策之剑，助力创新，开拓未来。

（二）守护数据质量，筑牢信任基石

业务数据化的基石，在于数据的真实可靠。数据治理，作为数据质量的守护神，通过设立并执行严格的质量规则，确保每一份数据都经得起时间的考验。这份信任，如同坚实的磐石，让业务数据化之路更加稳固，也让数据驱动的决策更加值得信赖。

（三）打破数据孤岛，融通业务血脉

数据治理，以其独有的智慧，搭建起数据共享的桥梁，让原本孤立的数据岛屿相互连接，形成一片生机勃勃的数据大陆。这不仅促进了信息的自由流通，更使得业务流程得以无缝对接，业务数据化的车轮因此滚滚向前。

（四）护航合规之路，保障数据安宁

在业务数据化的浪潮中，数据安全与隐私保护如同暗礁，稍有不慎便可能触礁沉船。数据治理，则是那艘保驾护航的巨轮，通过制定并执行严格的安全与隐私政策，为业务数据化之旅筑起了一道坚不可摧的防线。这不仅消除了业务部门的后顾之忧，更为业务数据化的蓬勃发展提供了坚实的保障。

综上所述，数据治理非但不是业务数据化的枷锁，反而是其加速前进的引擎。在实践中，我们应根据组织的实际情况，量身定制数据治理策略，让数据治理与业务数据化并驾齐驱，共创辉煌。

九、信息化软件是数据资产

信息化软件虽不直接等同于数据资产本身，却是那把开启数据价值之门的钥匙。

（一）重新定义

信息化软件，是驾驭数据浪潮的舵手，它们负责收集散落的数据碎片，处理成有序的信息流，存储于数字的仓库，再通过分析与传递，让信息成为有价值的洞察。它们如同组织内部的智慧引擎，提升效率，赋能决策，驱动创新。

数据资产，则是组织在数字世界中的宝贵财富，它们以电子形式存在，蕴含着客户行为、市场趋势、业务运营等各方面的秘密。这些数据资产，如同深埋地下的矿藏，等待着被发掘、提炼和利用。

（二）共生共荣

信息化软件与数据资产之间，存在着一种共生共荣的关系。没有信息化软件的支持，数据资产就如同散落的珍珠，难以串联成链，更难以发挥其应有的价值。而信息化软件，则需要数据资产的滋养，才能不断进化，提供更加精准、高效的服务。

它们相互依存，相互促进。信息化软件通过优化数据处理流程，提升数据质量，让数据资产更加可靠、可用。而数据资产则通过提供丰富的数据源，激发信息化软件的创新潜能，推动其不断升级迭代。

（三）价值共创

在评估组织的资产时，我们不能孤立地看待信息化软件和数据资产。它们之间的紧密联系和相互作用，共同构成了组织数字化转型的基石。只有深入理解并充分利用这种关系，我们才能真正实现数据驱动的业务增长和价值创造。

十、企业必须要做数据资产入表

数据资产入表，非企业之铁律，而是一项智慧之举，旨在将企业纷繁复杂的数据世界梳理得井井有条。此过程，犹如为数据资产绘制一幅详尽的地图，从登记、分类到评估、管理，每一步都精心布局，确保企业对其数据版图了如指掌。

在这张"数据地图"上，企业不仅能一眼洞悉数据的源头、形态与栖身之所，更能在数据海洋中精准导航，提升数据的可达性与可用性，让数据真正成为驱动业务前行的燃料。如此，企业便能以数据为翼，翱翔于竞争激烈的市场之空。

从财务与战略的高地俯瞰，数据资产入表无疑为企业资产总额添上了浓墨重彩的一笔，总资产价值随之水涨船高，企业实力得以更全面地展现于世人面前。这不仅照亮了股东权益的增值之路，更在无形中为企业的信用评级加分，让借款成本悄然降低，为未来的资本盛宴铺设了红毯。

然则，是否踏上这数据资产入表之旅，还需企业量体裁衣，因需而定。数据海量者，欲求高效驾驭，此道必行；而数据涓涓者，若无需深度耕耘，则可另辟蹊径。总之，数据资产入表非必选项，但其带来的管理之便、价值之增，确为企业不容小觑的宝藏。

十一、没有数据治理工具不能开展数据治理

数据治理工具虽非天生必需，却如同风帆之于航船，能加速并优化这段旅程。即便没有这些现代化的辅助手段，企业依然能够凭借自身的力量，稳健地推进数据治理工作。

首要任务是构建并坚守数据治理的框架与规范，这如同在数据海洋中树立一座灯塔，指引我们明确方向、恪守原则、设定标准。同时，建立数据质量的保障机制，制定数据使用的规章制度，这些都是企业数据治理的基石，确保每位成员在处理数据时都能有章可循。

其次，提升全员的数据意识与素养，这是数据治理不可或缺的一环。通过培训和教育，让员工深刻理解数据的重要性，培养他们对数据的敬畏之心，学会如何在日常工作中妥善地收集、处理、存储和使用数据。这样的团队，才能成为数

据治理的坚实后盾。

此外，我们还可以利用现有的技术手段来辅助数据治理工作。比如，利用数据库管理系统来维护数据的完整性和一致性；采用数据加密和访问控制策略来保护数据的安全；借助数据分析工具来监测数据的使用情况，及时发现并解决问题。这些技术手段虽然不是万能的，但它们能够为我们提供有力的支持，使数据治理工作更加高效、精准。

当然，我们也要认识到，没有数据治理工具的支持，数据治理工作可能会面临更多的挑战和困难。工具能够自动化一些繁琐的流程，提高我们的工作效率；同时，它们还能提供丰富的数据分析和报告功能，帮助我们更全面地了解数据状况，做出更加明智的决策。

因此，在选择是否使用数据治理工具时，我们需要根据自身的实际情况和需求来做出决策。如果企业拥有足够的人力资源和技术实力来应对数据治理的挑战，那么或许可以暂时不依赖工具；但如果我们希望进一步提高数据治理的效果和效率，那么引入适合的数据治理工具无疑是一个明智的选择。

十二、从小处着手的数据治理工作终将一场空

谈及数据治理，常有人误以为起点宏大即成功之兆，实则不然。从小处着手，方能铺就坚实之路。

试想，数据治理如筑高楼，非一日之功，亦非一蹴而就。从细微处开始，便是为这座数据大厦打下稳固的地基。初期，我们不必急于覆盖全面，而应精选几个关键点，作为试验田，精心耕耘。如此，既能有效控制资源投入，又能快速试错，积累宝贵经验。

再者，小处着手，实则是对数据治理深度的挖掘。在这个过程中，我们需对数据的每一个细节严加把控，确保数据的准确性、安全性和合规性。正如工匠雕琢艺术品，我们对待数据亦需这份匠心独运，方能使其焕发价值，成为企业决策的坚实支撑。

更为重要的是，这种从小到大的渐进策略，让数据治理的推进显得自然而流畅。随着试点项目的成功，我们可以逐步将治理的范围和深度扩大，直至覆盖整个组织的数据生态系统。这种稳步前行的节奏，不仅减少了变革带来的阻力，也让组织成员更容易接受和适应新的数据治理模式。

因此，数据治理从小处着手，并非浅尝辄止，而是深谋远虑之举。它体现了我们对数据治理的深刻理解和坚定信念，也为我们指明了通往成功治理的康庄大道。在这条路上，我们需要的是持续的努力、不断的优化和坚定的执行。只有这样，我们才能让数据治理成为推动企业发展的强大动力。

十三、数据治理的流程建设可有可无

数据治理流程建设非常必要。数据治理的流程建设对于组织而言，是确保数据有序、安全、合规运作的基石。

在当今数据驱动的时代，数据已成为组织的重要资产。然而，如果没有一个明确的治理流程，数据的管理可能会变得混乱不堪，影响组织的决策效率和运营效果。因此，数据治理的流程建设变得尤为重要。

通过数据治理的流程建设，组织可以建立起一套规范、有序的数据管理机制。从数据的采集、清洗、整合到分析、应用、归档，每一个步骤都有明确的规范和流程指导，确保数据的准确性和一致性。同时，流程建设还能帮助组织实现数据的安全管理和合规运作，降低数据泄露和违规使用的风险。

此外，数据治理的流程建设还能促进组织内部的数据共享和协作。通过建立数据所有权、使用权和访问权限的明确规则，组织可以确保数据在内部和外部的流通都基于明确的授权和合规要求，从而提高数据资源的利用率和价值。

总之，数据治理的流程建设是组织实现数据有序、安全、合规运作的重要保障。它不仅能提升组织的数据管理能力，还能为组织的决策提供有力支持，推动组织的持续发展。

十四、数据治理只能依靠企业自身力量，不能引入外部力量

携手外部力量，往往能成为破局的关键，这不仅是策略上的明智之举，更是实践中的可行之道。

试想，那些深耕数据治理领域的专业咨询公司与专家团队，他们如同航海图中的灯塔，指引着组织穿越数据治理的茫茫大海。他们手握丰富的实战经验与深厚的专业知识，对最佳实践、行业标准和法规要求了如指掌，能精准定制出贴合组织需求的治理方案，让数据治理之路不再迷茫。

外部团队的独特视角，如同明镜高悬，能洞察组织内部的盲点与隐患，提供

独立、客观的治理建议。他们敢于直言不讳，指出问题所在，并配以精准的解决方案，助力组织优化流程，提升数据质量与治理效能。

更值得一提的是，他们手握先进的数据治理技术与工具，如同为组织装备了未来的翅膀。这些利器能够助力组织迅速适应市场与技术变革，提升治理效率与准确性，让数据真正成为驱动业务增长的强大引擎。

然而，选择外部团队亦需谨慎。专业实力、行业经验、业务理解力、方法论与工具的先进性、沟通与协作的顺畅性、成本效益分析、合规性与安全性，乃至长期合作的潜力，皆是考量之要。唯有综合评估，方能觅得那位与您并肩作战的理想伙伴，共同开启数据治理的新篇章。

在这个过程中，记住，数据治理非一日之功，而是一场持久的战役。选择正确的外部力量，便是为这场战役添上了最坚实的盔甲，让组织在数据治理的道路上，走得更加稳健，更加自信。

十五、数据治理过程不会有风险

在数据治理的过程中，风险如同潜流暗涌，不可不察。这不仅仅是一场技术的博弈，更是对数据全生命周期精细管理的考验。

首先，数据质量与准确性的挑战，如同基石不稳，将动摇决策之塔。若治理不善，错漏百出、残缺不全的数据将如迷雾般遮蔽真相，让业务决策步入歧途。

紧接着，数据安全与隐私的防线，更是容不得半点松懈。一旦泄露，不仅是企业的信誉受损，更是对客户信任的严重背叛，财务安全的堤坝也将面临洪水冲击。

再者，合规性之舟，需破浪前行于法律与标准的汪洋大海。稍有差池，便可能遭遇法律的狂风巨浪，罚款、诉讼乃至业务停滞，都是不可承受之重。

技术风险，则是另一重考验。选型失误、实施不力或维护缺失，都可能让系统陷入瘫痪，数据遗失于无形，治理效果大打折扣。

而组织内部，亦是风险丛生的地带。观念的分歧、支持的缺失、沟通的障碍，都可能让数据治理的航船触礁搁浅。

为抵御这些风险，企业需如匠人般精心雕琢，制定策略、强化监控、严守法规、精选技术、促进沟通。唯有如此，方能在数据治理的征途中，乘风破浪，稳健前行，为企业的数据资产筑起坚不可摧的防护墙。

十六、不同类型企业数据资产入表的策略都是相同的

在数据资产入表的策略版图上，每家企业都是独一无二的探索者，依据其特有的业务地貌、数据森林的茂密程度以及数据处理技术的成熟度，绘制着各自的路径。

大型企业，宛如数据王国中的巨擘，坐拥丰富的数据矿藏与强大的数据处理工具。它们倾向于构建宏大的数据资产图谱，将尽可能多的数据纳入视野，以此挖掘出更深刻的商业洞察，为战略决策和业务优化提供不竭动力。

中小企业，则如同在数据丛林中灵活穿梭的猎豹，虽资源有限，却对每一份数据都保持着高度的敏感与挑剔。它们在选择数据资产入表时，更加注重数据的核心价值与实用性，力求精准打击，用有限的数据资源实现最大的业务效益。

而行业差异，更是为这场数据探索之旅增添了无限色彩。金融行业的玩家们，在数据的隐私与安全的红线上步步为营，确保每一步数据资产入表的动作都符合最严格的监管要求；电商领域的先锋们，则紧跟市场脉搏，追求数据的实时性与分析效率，让数据成为驱动业务快速响应市场变化的引擎。

因此，数据资产入表的策略，并非千篇一律的模板，而是企业根据自身实际情况量身定制的指南针。只有深刻理解并准确把握自身在数据世界中的位置与需求，才能制定出最适合自己的数据资产入表策略，从而在数据驱动的时代浪潮中乘风破浪，稳健前行。

十七、资源短缺的数据部门无法开展数据治理

人数不是制约数据治理工作的先决条件，即便只有 2 个人，面对挑战，获得策略与执行的精妙平衡，以有限之力可以撬动无限可能。

首先，携手业务部门，共绘数据治理的蓝图，明确航向与灯塔——即治理的目标与优先级。如同航海家识别星辰，他们精准定位那些对业务至关重要的数据集与治理领域，优先突破，确保每一份资源都精准投放，产生最大效益。

接下来，善用科技之翼，借助自动化工具与软件，减轻人力之负。市场上琳琅满目的数据治理利器，成为他们高效前行的加速器。这些工具不仅提升了工作效率，更让数据质量监控与安全保障如虎添翼。

构建基础框架，稳扎稳打的又一妙招。简明的数据治理政策与流程，如同航

海图与指南针，虽不繁复，却为后续的深入探索提供了坚实的支撑。数据分类、质量标准、访问权限管理，每一项都精心布局，为后续工作铺设了坚实的基石。

迭代与优化，是应对变化的不二法门。在资源有限的情况下，他们采取小步快跑的策略，从易入手、高回报的领域切入，逐步扩大战果。每一次的尝试与调整，都是对治理策略的一次精炼与升华。

跨部门合作，更是制胜的关键。IT与业务部门的紧密携手，如同双桨齐划，让数据治理之舟破浪前行。共同的愿景与目标，让双方心往一处想，劲往一处使，确保了数据治理与业务战略的同频共振。

在自我提升方面，同样不遗余力。内部培训、在线课程、外部专家咨询这些成为他们不断充电的源泉。知识共享与经验交流，更是让团队的力量成倍增长，有限的资源因此焕发出无限的光彩。

而当遇到难以逾越的障碍时，他们懂得适时借力。聘请顾问、合作第三方……这些外部的智慧与力量，如同为他们插上了飞翔的翅膀，助力他们在数据治理的天空中翱翔得更远、更高。

总之，数据部门的两位勇士以智慧为舵，以策略为帆，以合作为桨，以学习为动力，即便是在资源有限的条件下，也依然能够勇敢地驶向数据治理的彼岸。他们的故事，是对"小团队也能干大事"这一信念的最好诠释。

十八、大型集团型企业总部开展了数据治理，下属企业不需要再开展数据治理

在大型集团企业的广阔版图里，谈及数据治理的延伸与深化，我们不得不细品其间的微妙逻辑。当集团总部已高擎数据治理的大旗，各分支机构与子公司是否还需自立门户，另起炉灶？这背后，实则蕴含着一系列深思熟虑的考量。

首先，审视总部数据治理的广度与深度。若总部的治理如一张密不透风的网，全面覆盖了集团内外的重要数据与业务领域，那么分支机构大可借力使力，依托总部的坚实框架与丰硕成果，避免无谓的重复建设。而谈及深度，数据治理非但关乎数据的搜集、梳理与洞察，更触及数据质量的锤炼、安全防线的构筑以及标准的统一制定。若总部已在此方面深耕细作，分支机构自可坐享其成，将更多精力投入于业务创新。

然而，分支机构的独特性亦不容忽视。业务层面的细微差异，如同千差万别

的指纹，要求它们在数据处理与分析上拥有专属的定制化方案。这些需求，或许难以完全融入总部的标准化治理之中。加之地域的辽阔与法规的多样，分支机构在数据治理的征途上，还需兼顾本土化的合规要求，确保每一步都稳健合规。

在此背景下，协同与互补成为关键。总部与下属企业之间，应构建起一座数据治理的桥梁，确保信息的畅通无阻与资源的优化配置。总部提供宏观的治理框架与标准，而下属企业则依据自身特色进行微调与深化，二者相辅相成，共同绘制出一幅完整的数据治理蓝图。

综上所述，分支机构是否需独立开展数据治理，实则是一场权衡利弊的智慧抉择。若总部治理已足够完善且下属企业无特殊需求，则共享成果、协同并进乃为上策。但若下属企业面临业务、地域或法规的特定挑战，那么自立门户、精细治理亦是其成长的必经之路。在这一过程中，协同机制的建立与维护，将是确保集团数据治理整体性与一致性的重要基石。